膳食食纤维

菊粉特性与应用

罗登林 著

**Characteristics
and
Applications
of Dietary Fiber Inulin**

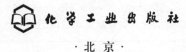化学工业出版社

·北京·

菊粉是由 D-呋喃果糖分子以 $\beta(2\rightarrow1)$ 键连接而成的线性直链多糖，末端常带一个葡萄糖残基，属于一类天然果聚糖的混合物。菊粉作为一种膳食纤维，具有突出的生理功能和优良的食品加工特性。本书系统介绍了菊粉的结构特点、分类、生理功能、生产方法、溶解性与吸附性、酸热稳定性和凝胶特性等物化性质，同时详细论述了菊粉对面团体系、面筋蛋白、淀粉和水分性质等方面的影响，最后从应用角度列举了菊粉在馒头、面包、面条、饼干、蛋糕、乳制品、肉制品和饮料等方面的研究现状。

本书适用于食品类研究人员、生产技术人员及相关专业院校师生阅读和参考。

图书在版编目（CIP）数据

膳食纤维：菊粉特性与应用/罗登林著. —北京：化学工业出版社，2018.12
ISBN 978-7-122-33365-0

Ⅰ.①膳… Ⅱ.①罗… Ⅲ.①菊粉-基本知识 Ⅳ.①O636.1

中国版本图书馆 CIP 数据核字（2018）第 269809 号

责任编辑：赵玉清　　　　　　　　　　文字编辑：焦欣渝
责任校对：边　涛　　　　　　　　　　装帧设计：史利平

出版发行：化学工业出版社（北京市东城区青年湖南街 13 号　邮政编码 100011）
印　　刷：北京京华铭诚工贸有限公司
装　　订：三河市振勇印装有限公司
710mm×1000mm　1/16　印张 10¼　字数 167 千字　2019 年 5 月北京第 1 版第 1 次印刷

购书咨询：010-64518888　　　　　　　售后服务：010-64518899
网　　址：http://www.cip.com.cn
凡购买本书，如有缺损质量问题，本社销售中心负责调换。

定　　价：68.00 元

近年来，膳食纤维与肠道健康的关系日益受到关注。 大量研究显示，各种慢性疾病，如肥胖症、糖尿病、高血压、抑郁症、自闭症、肿瘤、各种代谢系统疾病、免疫系统疾病和神经系统疾病，几乎都与肠道微生物密切相关。 膳食纤维作为一种益生元，在促进肠道中益生菌群繁殖和抑制有害菌群生长方面已显示出突出的作用，能有效改善肠道微生态环境，提高人体健康水平。

菊粉作为一种膳食纤维，已经被许多科学试验证实具有突出的生理功能，包括促进益生菌增殖、抑制肠道腐败菌的生长、改善肠道微环境、调节血糖水平、减肥、防便秘、促进矿物质吸收、降血脂、减少癌症风险和提高免疫力等。 同时，菊粉还表现出优异的食品加工性能：菊粉外表洁白，呈粉末状，无不良气味，不会影响食品的外观色泽和风味；菊粉能使食品内部结构更加均匀细腻、口感滑爽、色泽美观，可用于取代食品中的脂肪达到降低能量的目的，但又不会显著影响产品的口感；菊粉能形成质构柔滑、微粒均一而细腻的凝胶，该凝胶具有良好的黏弹体流变学特性，表观性状类似于脂肪；菊粉的屈服应力低，具有剪切稀释和触变特性，在加工过程中，菊粉凝胶逐渐丧失凝胶固体特性，弹性系数降低，而流体特性和黏度系数逐渐增加，即操作性能好，因此，易应用于各类食品的生产过程中。

2009 年 3 月 25 日，我国原卫生部发布了第 5 号公告，正式批准菊粉和多聚果糖为新资源食品，其中批准菊粉可应用于除婴幼儿食品外的所有食品，而多聚果糖只能在婴幼儿配方食品、儿童奶粉、孕妇及哺乳期奶粉中使用。 该文件的发布对促进我国菊粉产业的发展起到了重要的作用。 目前市场数据显示，全球益生元市场规模在 2017 年已达 35 亿美元，预计 2020 年市场规模为 78 亿美元，而到 2025 年将达 100 亿美元，年均复合增长率为 10.4%，其中亚太市场的增长最快，尤其是我国、日本和印度。

菊粉作为目前全球认知度最高、市场份额最大、应用领域最广的膳食纤维或益生元，2017 年市场规模在 33 万吨左右，预计 2018 年全球市场销售额将达 18.7

亿美元。菊粉作为一种优质的膳食纤维，正以其独特的应用性能和优势引领益生元市场的快速发展。我们课题组在十年前就开始了菊粉方面的相关基础与应用研究工作，主要集中于菊粉的加工性质和对食品品质的影响方面。随着研究的深入，我们深感尽管在菊粉研究方面取得了一些成果，但仍然在许多方面存在不够系统、不够科学甚至可能错误的地方，需要更多的研究学者和行业人员为此做出更多的努力，加强在菊粉加工理论和工业化应用方面的研究，推动我国菊粉产业健康发展，为促进国民饮食健康和实现我国 2017—2030 年国民营养计划贡献一份力量。

全书共分为 7 章，第 1 章绪论介绍了菊粉的来源、种类、生理功能、安全性、生产方法；第 2 章介绍了菊粉的溶解性、黏度、持水性与吸油性；第 3 章介绍了菊粉对酸、热的稳定性，菊粉凝胶形成和性质；第 4 章介绍了菊粉对面团加工性质的影响；第 5 章介绍了菊粉对面粉中蛋白质、淀粉和水分性质的影响；第 6 章介绍了菊粉对馒头品质的影响；第 7 章介绍了菊粉在面包、面条、饼干、蛋糕、乳制品、肉制品和饮料中的应用。本书可作为菊粉研究方面的抛砖引玉之作，为食品高校和科研院所、食品生产企业提供参考。

在本书的编写过程中，我们得到了行业内许多专家的悉心指导和我的博士导师丘泰球教授的亲切关怀，丰宁平安高科实业有限公司钱晓国董事长和安颖博士对本书提出了宝贵的意见，在此表示感谢。同时，要特别感谢近年来我的研究生许威、刘娟、陈瑞红、梁旭苹、李云、寇雪蕊、姚金格、武延辉、赵影、张甜、席栋等在菊粉研究方面所做出的许多工作，没有他们的辛勤付出，本书也就无法成文。最后，还要感谢国家自然科学基金（31371832）和河南省高校科技创新人才支持计划（16HASTIT020）的资助。

限于目前作者所研究的内容和水平有限，疏漏之处在所难免，敬请读者提出宝贵意见。

罗登林

luodenglin@163.com

2018 年 6 月

目录

第3章
菊粉的酸热稳定性和凝胶特性　　029

第4章
菊粉对面团流变学性质的影响　　052

第5章
菊粉对面粉中主要组分性质的影响　　067

第6章
菊粉对馒头品质的影响　　130

第7章
菊粉在其他食品中的应用　　137

1.1 菊粉的结构和来源

菊粉，又称菊糖，英文名为 inulin，是一种天然的果聚糖混合物。1804年，Rose 首次从土木香（*Inula helenium*）中发现并从其根茎中结晶、纯化得到，Thomson 于 1818 年将其命名为菊粉。菊粉分子是由 D-呋喃果糖分子以 β（$2{\rightarrow}1$）键连接而成的线性直链多糖，末端常带一个葡萄糖残基，属于一类天然果聚糖的混合物。菊粉的分子式表示为 GF_n，即 Glucose-(Fructose)$_n$，其中 G 为终端葡萄糖单位，F 为果糖分子，n 为果糖单位数，一般为 2～60，其分子结构如图 1-1 所示。

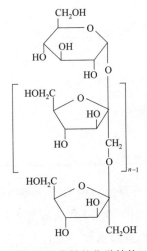

图 1-1 菊粉的化学结构

在历史上，人们把富含菊粉的植物当作主要粮食来食用，如菊苣、菊芋和大丽花等植物。1605年，人们把菊芋引进到西欧，当地人把它作为一种糖源进行食用。公元1世纪的医生都认为菊芋对人的身体有好处，直到1750年左右才被马铃薯所代替。1804年，德国科学家Rose用热水浸提的方法从旋复花属土木香的根茎中提取得到一种物质，也就是果聚糖，当时也叫土木香粉（Thomson在1818年把这种物质命名为菊粉）。

菊粉是植物中的储备性多糖，在自然界中菊粉的分布十分广泛，在植物中含量最高，其次为一些真菌和细菌。菊粉主要存在于菊科植物中，如双子叶植物中的桔梗科、龙胆科、菊科等11科植物都含有菊粉，此外，如百合科和禾本科等单子叶植物中也含有菊粉。工业上生产菊粉最重要的原料是菊苣和菊芋，它们的来源丰富且富含菊粉，菊粉含量占其块茎干重的70%以上。不同种植物及同一种植物不同生长时期菊粉的聚合度存在明显的差异。一些常见植物（湿重）中菊粉含量如表1-1所示。

表1-1 常见植物中的菊粉含量

植物来源	可食部分	固形物含量/%	菊粉含量/%
菊芋	块茎	19~25	14~17
菊苣	根	20~25	13~18
牛蒡	根	21~25	3.5~4.0
雪莲果	根	10~14	5~8.7
大蒜	球茎	40~45	9~16
朝鲜蓟	叶心	14~16	3~10
卡马夏	球茎	31~50	12~22
韭菜	球茎	15~20	3~10
香蕉	果实	24~26	0.3~0.7
蒲公英	花瓣	50~55	12~15
波罗门参	根茎	20~22	4~11
黑麦	谷粒	88~90	0.5~1
洋葱	球茎	—	2~6
天冬	块茎	—	10~15
大丽花	块茎	—	15~20
小麦	谷粒	—	1~4
芦笋	嫩芽	—	10~15
龙舌兰	茎或叶子基部	—	16

根据物理化学特性，菊粉可分为两类：一类是易溶于水的；另一类是较难溶于水的。通常把聚合度（DP）为10作为临界点，DP<10的菊粉易溶于水，而且易发酵；DP>10的菊粉难溶于水，而且不易被细菌降解发酵，但在大肠中能被益生菌发酵利用。

根据分子链长度，菊粉可分为长链菊粉、中链菊粉和短链菊粉。目前，通常把平均聚合度≤10的菊粉称为短链菊粉，平均聚合度≥23的菊粉称为长链菊粉。从天然植物（菊芋或菊苣）中提取的菊粉同时含有短链、中链和长链结构，称为天然菊粉。短链菊粉和天然菊粉含有一定的单糖和二糖，因此略带甜味，其甜度大约相当于蔗糖的10%；长链菊粉中由于不含单糖和二糖，几乎没有甜味。

不同植物类所含菊粉的链长也有差异，小麦、洋葱、香蕉所含的是短链菊粉（最大聚合度 $DP_{max}<10$）；大丽花块根、大蒜、菊芋所含菊粉是中链菊粉（$DP_{max}<40$）；球菊芋和菊苣则含长链菊粉（$DP_{max}<100$）。有些植物如百合、龙舌兰和某些细菌（如突变链球菌）可含有更高聚合度的菊粉（$DP_{max}>100$）。在实际生产过程中，根据需要可利用人工控制及合成的方法来调控菊粉的聚合度。利用内切酶（EC3.2.1.7）水解菊苣中的菊粉可获得聚合度范围在2～7、平均聚合度为4的低聚果糖；利用物理分离技术（结晶和过滤）可生产平均聚合度不小于23的长链菊粉（如菊粉HPX）。

另外，市场上常见的还有一种低聚果糖的产品，它主要是以菊粉为原料通过酶解而获得的一类低聚合度的混合物，是指1～4个果糖基以 $\beta(2\rightarrow1)$ 键连接在蔗糖的D-果糖基上而形成的蔗果三糖（GF_2）、蔗果四糖（GF_3）、蔗果五糖（GF_4）和蔗果六糖（GF_5）的混合物，一般还含有少量蔗糖、果糖和葡萄糖，其甜度约为蔗糖的30%～60%，它既保持了蔗糖的纯正甜味性质，又比蔗糖甜味清爽，同时还具有益生元的功效。

1.2 菊粉的生理功能

1.2.1 促进肠道益生菌增殖，抑制腐败菌生长，改善肠道微生态

菊粉是一种不能被人体小肠消化吸收的聚糖类物质，但可以在大肠中被双歧杆菌和乳酸菌很好地吸收、利用和增殖。菊粉在大肠中发酵，能够降低肠道内的pH，低的pH环境能够降低多种腐败菌的增殖，间接地减少了在肠道内产生的毒素物质，维持健康的肠道环境；而健康的肠道环境有利于促进有益菌的生长和繁殖，增加肠道的蠕动，缓解便秘。

研究表明，每日摄入菊粉能够使结肠中的益生菌增加10倍，减少病原菌和腐败菌的数量，如金黄色葡萄球菌、李斯特菌、沙门菌、大肠菌群等。这是

由于菊粉不是直接被消化吸收，而是进入了大肠，在大肠中优先被双歧杆菌利用，产生乙酸盐和乳酸盐，使大肠的 pH 值降低，从而抑制了有害菌的生长，因此，菊粉是双歧杆菌的增殖因子。

研究表明，高脂饮食情况下，肠道中的 S24-7 菌群丰度下降，补充短链菊粉后，S24-7 丰度上升；S24-7 在未发展为糖尿病的 NOD 小鼠（非肥胖糖尿病小鼠）中丰度较高，而在发展为糖尿病的 NOD 小鼠中丰度较低。此外，引起菊粉组小鼠粪便丰度下降的菌群包括厚壁菌门下梭菌目中的毛螺菌科和瘤胃菌科、脱铁杆菌门下脱铁杆菌科中的 *Mucispirillum schaedleri*。*Mucispirillum schaedleri* 是一种螺旋形细菌，分布在肠分泌黏液层，被认为具有降解黏液蛋白层的能力，可逃避 T-细胞非依赖反应，渗入黏膜层，和抗原呈递细胞及初级 T 细胞发生作用。随着炎症反应丰度升高，*Mucispirillum schaedleri* 在小鼠结肠炎活跃期粪便中丰度更高，而在结肠炎缓解期的小鼠粪便中丰度降低，将 *Mucispirillum schaedleri* 移植到无菌小鼠中引发肠道促炎反应。*Ruminococ caceae* 在右旋糖酐硫酸酯钠诱导的结肠炎小鼠粪便中丰度上升，在结肠腺瘤患者中丰度高于健康群体。*Lachnospiraceae* 和 *Ruminococcus* 在发展为糖尿病的 NOD 小鼠中丰度较高，而在未发展成糖尿病的小鼠中丰度较低。这些数据暗示短链菊粉的添加抑制了一些潜在有害菌的生长，改善了肠道微生物环境。

1.2.2　调节血糖水平

菊粉在小肠内不会被水解成单糖，所以不会升高体内血糖水平和胰岛素的含量。最近的研究表明，人体在空腹时，血糖的降低是由于低聚果糖在结肠中发酵，最终产生了短链脂肪酸。吸附的菊粉在肠道的上部不会被机体酶水解成单糖，因而不会对血糖水平和胰岛素含量造成影响，菊粉已作为 21 世纪初糖尿病人的专用食品之一。Mg^{2+} 的缺乏会增加患糖尿病的风险，菊粉可以促进机体对 Mg^{2+} 的吸收，从而起到稳定血糖的作用。

2016 年的最新数据表明，低聚果糖与其摄入后血糖反应改善之间存在显著的关系。在已提交给欧洲食品安全局（EFSA）的材料中指出，低聚果糖对于血糖控制起着至关重要的作用。此次 EU Art 13.5 声明旨在认可低聚果糖对于餐后血糖的降低作用。EFSA 的肯定评估有助于该健康声明获得欧盟委员会、欧洲联盟成员国以及欧洲议会的批准。此份研究表明了当食品的部分糖分被来自于菊苣的益生元纤维低聚果糖替代时，血糖反应将被改善。新数据表明，仅20％的替代便可显著降低血糖反应。评估中倡导的使用条件指的是"还原糖"，在（EC）No 1924/2006的条款附件中发布，即30％比例的替代。正当EFSA发布有关菊苣低聚糖的评价时，另一份关注于菊粉及其他前沿科学技术研究的科学声明已做好提交的准备。在评估关于低聚果糖的声明时，EFSA已将适用范围扩展到不易消化的碳水化合物类别，菊粉已包含其中。

1.2.3　减肥

　　菊粉能提高胃内容物的黏度，减缓食物从胃进入小肠的速度，降低饥饿感，从而减少食物的摄入量。菊粉在消化系统内不被消化，在结肠中进行发酵时，产生的热能较低，其热能值约为 4.2~6.3kJ/g（1~1.5cal/g），相当于葡萄糖热能值（16kJ/g）的 26％~39％、脂肪热能值（38.7kJ/g）的 11％~16％。所以用菊粉部分或全部替代脂肪，可开发低能量保健产品。

1.2.4　防便秘

　　菊粉能有效增加排便次数和重量。它能促进肠道蠕动，缩短粪便在结肠中的停留时间，增加粪便重量和排泄量。在膳食中每天按推荐剂量补充菊粉，可以显著增加便秘患者的排便频率，使大便变得松软连贯，由便秘引发的恶心和头痛也随之消失。菊粉之所以对便秘有如此好的疗效，主要原因是菊粉是一种益生元，它促进了肠道微生态菌群的生长，增加了大便中的含水量，由此导致大便重量的增加。含水量的增加会使大便变软，加之菊粉能增加肠道的蠕动，排便因而变得轻松。便秘患者每天食用一定量的菊粉后，大便通畅，便秘症状明显缓解，而且臭味也明显减轻。

　　Buddington 等于 2017 年在《营养学》杂志上发表的一项研究结果显示，让低膳食纤维摄入量的受试者补充低聚果糖菊苣根纤维成分有助于改善肠道蠕动的规律性。该研究指出，纤维摄入量不足是导致便秘和肠道蠕动不正常等消化问题的主要因素。在研究开始时，受试者每天摄入 5g 的低聚果糖，然后逐渐增加到 15g/d。在整个试验过程中，对照组每天都摄入 15g 麦芽糖糊精。该项研究为期 4 周，其中 3 周为"洗涤期"，期间所有参与者每天都要摄入 3 袋麦芽糖糊精。研究发现，低聚果糖组受试者的大便频率显著提高。每天摄入

15g 低聚果糖的受试者，粪便的稳定性也同样得到提高。最后，与对照组相比，低聚果糖组的胃肠道响动感明显下降。

1.2.5 促进矿物质的吸收

菊粉能促进结肠微生物的选择性发酵，导致短链脂肪酸浓度上升，肠道内 pH 值降低，使矿物质的溶解度增加。菊粉能够大幅提高 Ca^{2+}、Mg^{2+}、Fe^{2+}、Zn^{2+} 和 Cu^{2+} 等的吸收，尤其是 Ca^{2+} 的吸收。其原理是依赖菊粉发酵生成了有机酸，有机酸能够使肠道的 pH 下降，矿物质元素复合物发生分解，释放出矿物质，人体更容易吸收。菊粉与矿物质的复合物在发酵过程中均可被降解，使矿物质释放，从而使金属离子得到高效吸收。另外，由发酵产生的短链脂肪酸能够使结肠的 pH 值降低 1～2 个单位，使大多数矿物质的溶解度和生物有效性显著提高。

此外，菊粉还能使肠道隐窝变浅及上皮细胞数量增多，矿物质运输通道增加，使钙结合蛋白 D9k 的表达量增加，激活了钙扩散通道。研究表明，短链脂肪酸，尤其是丁酸盐，能够刺激结肠黏膜细胞的生长，从而提高肠黏膜的吸收能力。把 10％的菊粉添加到饲料中，每天喂养小鼠后发现，矿物质的表观消化率都有不同程度的提高。如果让青少年每天食用不同聚合度的菊粉长达不同的时间后，检测结果发现，菊粉都显著提高了 Ca^{2+} 的吸收，这对促进儿童生长发育、预防老年人的骨质疏松具有很重要的意义。

1.2.6 降血脂

菊粉能抑制脂肪分解酶降解摄入的脂肪，使脂肪在体内的消化受阻。健康人每天摄入 10g 菊粉能有效降低血浆中三酰甘油的浓度和肝脏内脂肪的合成。研究发现，菊粉可以降低血浆中胰岛素的含量和葡萄糖水平，而胰岛素在脂肪代谢过程中通过抑制脂肪分解、促进脂肪合成来增加脂肪在体内的储存。

菊粉作为水溶性膳食纤维，可与脂肪形成复合物，随着粪便排出体外，减少机体对脂肪的吸收，从而降低体内血脂水平。菊粉还可通过降低血液中胆固醇和三酰甘油的含量，调节血脂水平。大量的动物与人体试验表明，食用菊粉后，全身发热而且有劲，伤口恢复较快。菊粉改善血管功能主要是可调节血糖、血压，降低血清胆固醇，提高 HDL 与 LDL 的比值。菊粉在到达肠道末端前，被双歧杆菌发酵生成了短链脂肪酸和乳酸盐。短链脂肪酸是降低胆固醇的重要因素，而乳酸盐则可以抑制胆固醇的合成。Hidaka 等研究表明，若每天服用 5~10g 的菊粉，可使人和动物的血清脂肪降低到小于 20%；若 50~90 岁的老年病人连续 2 周每日摄入 8g 短链菊粉，即可显著降低血液中的总胆固醇和三酰甘油的水平。每日给 18 名糖尿病人进食 8g 菊粉，2 周后，虽然对高密度脂蛋白（HDL）胆固醇的含量无显著影响，但使总胆固醇含量降低了 7.9%，而摄食食粮的糖尿病人的总胆固醇和 HDL-胆固醇均无显著变化。Brighenti 等研究表明，如果每天给年轻健康的男子的早餐中加入 9g 的菊粉，坚持 4 周，可分别使他们的总胆固醇和三酰甘油的含量降低 8.2% 和 26.5%。

美国加州大学洛杉矶分校开展的一项最新研究显示，含丰富多酚物质的石榴提取物和菊粉多糖混合物可有效缓解高脂肪饮食引起的脂类代谢变化，降低个体胆固醇的含量。研究人员发现，石榴提取物和菊粉混合物可降低老鼠肝脏血清中的总胆固醇，这种健康效果优于单一摄入菊粉或石榴提取物的效果。菊粉可降低胆固醇从头合成的关键调控因子 Srebf2 和 Hmgcr 的基因表达，明显增加粪便中总胆汁酸和总中性甾醇的排泄能力。此外，和高脂肪/高蔗糖饮食相比，石榴提取物和菊粉混合物可明显降低肝脏和脂类的重量，其中还涉及肠道微生物代谢的变化。

1.2.7　减少癌症风险和提高免疫力

菊粉可与病原菌的外源凝集素发生特异性结合，使病原菌不能在肠道壁上黏附；菊粉可提高微生物菌群的数量和产气量，增加渗透压，促进肠道蠕动，缩短粪便在结肠内的停留时间，有效预防便秘，同时稀释了致癌物质；菊粉发酵产生的短链脂肪酸作为结肠细胞的主要能源材料，可以提高黏膜细胞的密度；菊粉产生的短链脂肪酸可供给肝和其他重要组织能量，可调节很多关键的代谢途径。

研究表明，菊粉等一些不被消化的碳水化合物可以减少患结肠癌的风险。通过促进双歧杆菌（长双歧杆菌、短双歧杆菌）的生长和增殖，减少有毒物质的产生，平衡肠道菌群。双歧杆菌具有很强的免疫刺激作用，它可以激活吞噬细胞，对腐败产物和细菌毒素进行吸附吞噬，而且能够产生抗生素。双歧杆菌还可以产生免疫球蛋白 IgA，增强免疫力。研究表明，菊粉在肠道中被发酵成短链脂肪酸，主要是乙酸、丙酸、丁酸等，这些物质支持和保护着大肠细胞，而且能够阻止细胞的增生分化，对预防结肠癌的发生具有一定的效果。

1.3 菊粉的安全性和分析方法

1.3.1　菊粉的安全性

菊粉作为一种功能性食品配料在全世界已得到广泛的应用，其安全性问题也备受人们的关注。一些研究表明，菊粉及低聚果糖不存在安全性方面的问题，相关毒理学实验并没有发现低聚果糖可以增加人们的发病率、死亡率或导致靶器官中毒的证据，而且也不具有诱发突变、致癌或致畸方面的风险。但菊粉至今没有进行系统的安全性评估，国际上也没有标准可供参考。由于菊粉是天然存在的，已应用于多种食品中，至今没有发生任何安全问题，故认为它对人体没有危害。2000 年，美国 FDA 确认低聚果糖为公认安全物质，2003 年，美国 FDA 又确认菊粉为公认安全物质。

2015 年 12 月，欧盟发布法规（EU）2015/2314 批准菊苣菊粉有助维持正常肠道功能的健康声明。根据最新条例，菊苣菊粉的使用条件为：消费者每日摄入 12g 才能获得有效功能。该声明仅用于可以提供每日摄入 12g 菊苣菊粉、单糖（<10%）、二糖、菊粉型果聚糖、聚合度均值≥9。该条例认为，菊苣菊粉能增加大便频率、促进正常的肠胃功能，在食品饮料中添加菊粉有助于增强消费者的肠胃功能。

2009 年 3 月 25 日，我国卫生部发布了 2009 年第 5 号公告《关于批准菊粉、多聚果糖为新资源食品的公告》。根据《中华人民共和国食品卫生法》和《新资源食品管理办法》的规定，批准菊粉为新资源食品，可以用于各类食品（不包括婴幼儿食品）中。该标准将菊粉与多聚果糖区分开来，对于菊粉，指的是以菊苣根为原料，去除蛋白质和矿物质后，经喷雾干燥等步骤获得的菊粉，它是聚合度范围在 2～60 的果糖聚合体的混合体，规定可应用于各类食品但不包括婴幼儿食品中，其食用量为≤15g/d；对于多聚果糖，指的是以菊苣根为原料，经提取过滤，去除蛋白质、矿物质及短链果聚糖后，经喷雾干燥等步骤制成多聚果糖，其平均聚合度>23，规定可用于儿童奶粉、孕产妇奶粉，其食用量≤8.4g/d。在 2009 年第 11 号公告中，低聚果糖可作为一种益生元类营养强化剂，可用于婴儿配方食品、较大婴儿和幼儿配方食品，配方食品中总量不超过 64.5g/kg。按照国家标准《低聚果糖》（GB/T 23528—2009），菊苣低聚果糖也可以作为食品配料添加于各类食品中，没有添加量的限制。这些标准的制定标志着菊粉在我国食品中的应用正式具有法定身份，这对推动我国菊粉产业及相关保健品市场的发展与壮大具有里程碑意义。目前我国关于菊粉新的修订标准正在制定过程中。

根据动物和人体试验，未发现菊粉不良反应的报道。仅有的就是其发酵后产生的气体引起腹部不适，观察到的生理缺陷与它们的非消化性和发酵有关，导致自我限制性的胃肠道不适，最常见的表现为胀气，其次是腹鸣和气鼓，严重时会引起轻度腹泻。但这些胃肠道不适都是剂量依赖性的，即摄入的量越大，胃肠道不适越明显，一旦减少摄入量，这些症状就会马上减轻或消失。Carabin 等研究表明，人体对果聚糖的最大耐受剂量约为 20g/d，当超过 30g/d 时就可能会导致严重腹泻。

对于健康人群，摄入过多的菊粉（超过 0.29g/kg）容易造成腹胀和腹部不适；而对于部分人群，少量菊粉（小于 5g）就可能造成以下问题：

（1）加重消化症状　由于种种原因，部分肠易激综合征（IBS）患者有着高度敏感的肠道。对于这部分人群，发酵类纤维发酵产生的少量气体就可能引发腹胀、腹痛、腹泻和肠鸣的症状。菊粉属于发酵类，发酵性中等，会产生一定的气体，因而这些存在消化问题的人常常对菊粉无法耐受。因此，对于 IBS 患者，在严重发作期是建议避免摄入菊粉的。不过，从长期来看，益生元对于重建肠道菌群仍然是重要的。因而，待症状稳定后，可以从少量开始补充。在补充菊粉的同时，补充一些抗胀气的益生菌可能会有帮助。比如植物乳杆菌 299V（*Lactobacillus plantarum* 299V）。若实在无法耐受，可以选择低聚半乳糖、抗性淀粉、洋车前草籽壳等低发酵的膳食纤维。

（2）引起过敏　尽管对菊粉过敏的报道是很少见的，但也有相关案例被报道。如果发现自己接触菊粉后出现急性的皮肤瘙痒、嘴唇红肿、呕吐或腹泻的症状，就需要考虑过敏的可能。

总的来说，菊粉的安全性较好。Hetland 等研究发现，每日摄入 50g 菊粉对于大多数健康人来说都是安全的。对于健康人群，0.14g/kg 的菊粉补充量是不易引起不良反应的。缓解便秘一般需要更大剂量的菊粉，一般为 0.21～0.25g/kg，建议缓慢增加到适合的量。对于敏感人群或 IBS 患者，为了避免症状的加重，需要谨慎补充菊粉，好的策略是从 0.5g 开始，若症状稳定，每 3 天增加一倍。对于 IBS 患者，菊粉的摄入上限在 5g 为宜。相比于菊粉，低聚半乳糖更适合 IBS 患者。在固体食物中加入菊粉能被更好地耐受，因而随餐补充菊粉会更好。

1.3.2　菊粉的分析方法

2017年3月1日，由中华人民共和国国家卫生和计划生育委员会发布的《食品安全国家标准　食品中果聚糖的测定》（GB 5009.255—2016）已实施。该标准采用了离子色谱法测定食品中的果聚糖含量，适用于乳及乳制品、婴幼儿配方食品、婴幼儿谷类辅助食品、固体饮料、配制酒中单独添加的低聚果糖、多聚果糖或菊粉含量的测定。该检测方法的原理是将试样经热水浸提，样液中的蔗糖经蔗糖酶水解成葡萄糖和果糖，葡萄糖和果糖经硼氢化钠还原成相应的糖醇，多余的硼氢化钠用乙酸中和。样液中的果聚糖经过果聚糖酶水解成果糖和葡萄糖，经离子色谱-脉冲安培检测器测定果糖含量，通过换算系数，折算得到果聚糖的含量。

GB 5009.255—2016的检测方法汇集了国际分析化学家协会（AOAC）的两个果聚糖检测方法：AOAC999.03 和 AOAC997.08。AOAC999.03的测定方法是比色法，将样液中的蔗糖用蔗糖酶水解，然后利用硼氢化钠还原成糖醇，再利用果聚糖酶水解样液中的果聚糖，通过比色法测定果聚糖含量。AOAC997.08的测定方法是离子色谱法，对样液进行两次水解并进行三次糖含量测定。首先测定初始样液中游离果糖和游离蔗糖的含量 F_1 和 S_1，经淀粉葡萄糖苷酶水解游离的蔗糖后，测出一次水解液中游离葡萄糖以及由麦芽糊精和淀粉分解生成的葡萄糖总量 G_1，然后再利用菊粉酶对样液进一步水解，测出此时样液中总的果糖和总的葡萄糖含量 F_2 和 G_2，通过 F_2-F_1 和 G_2-G_1，计算出样液中菊粉果聚糖的含量。

1.4　菊粉的生产方法

早在20世纪已有人尝试着提纯菊粉，利用乙酸铅沉淀菊粉提取液中的杂质并用乙醇沉淀菊粉，在小规模范围内取得了理想的效果。为了更为经济有效地提取菊粉，目前提取菊粉通常分三步：先热水浸提，再进一步纯化，最后喷雾干燥获得纯菊粉。主要工艺流程如图1-2所示。

（1）热水抽提　近几十年来，随着新发明、新设备及新技术的不断涌现，极大地推动了菊粉工业化生产的发展。菊粉生产第一阶段浸提工艺对整个菊粉提取率及精制有着重要影响，有学者采用微波、超声、罐组式动态逆流提取等技术辅助提取，不但可以提高浸提效率，还节省时间。如胡建锋等利用超声辅助提取菊粉，当提取温度为70℃、料液比1∶20、时间30min、超声功率160W时，超声波法比传统热水提取菊粉的得率提高了20.97%。胡秀沂等利用微波辅助提取菊粉也得到了理想的效果，当料液比1∶18、功率400W、作用270s、95℃条件下提取40min，菊粉的提取率高达99%。高贵彦结合中药罐式提取，采用三级逆流提取也取得了理想的效果。虽然这些仅为实验室理论成果，但也为菊粉的工业生产提供了理论依据和参考。

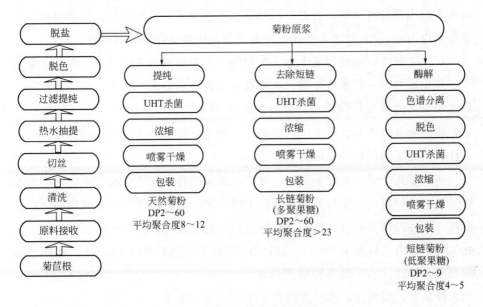

图 1-2　菊粉生产工艺流程图

（2）过滤提纯　在菊粉精制工艺中，过滤提纯是精制工艺的第一个环节，主要是去除一些大分子杂质，包括蛋白质、果胶、纤维和一些细胞碎片等。工业上应用较多的是石灰乳-磷酸法、加石灰乳充二氧化碳法（简称加灰充碳法）、有机溶剂沉淀法、酶解法等。根据所提取多糖的不同性质，可选取不同的方法。菊粉粗提液中含有蛋白质、果胶、色素及各种矿物质盐等杂质，需进行纯化。菊粉粗提液采用石灰乳-磷酸法除杂的澄清效果较好，石灰乳-磷酸法对菊粉粗提液除杂的最佳工艺条件为pH12.0、温度60℃、时间10min。在此最佳条件下体系的透光率从46.5%上升到87.3%，蛋白质含量从0.024mg/mL减少到0.003mg/mL，蛋白质几乎全部脱除，菊粉损失率为4.97%。

（3）脱色　菊粉提取液的颜色呈现红色或红褐色，说明提取液中含有色素等物质，包括酚类物质、焦糖化色素、美拉德反应产生的类黑色素以及糖降解色素等。在溶液中，色素分子呈电离状态，带负电荷，因此可以用活性炭吸附法，或者离子交换方法将色素吸附、交换除去。菊粉的脱色方法主要是活性炭吸附法、树脂法和双氧水法等。其中活性炭吸附法不能将色素全部除去，而且菊粉的损失率较高；双氧水法具有强氧化性，容易使菊粉降解，结构发生改变；树脂脱色是目前新发展的一种脱色方法，它的吸附量大，吸附速度快，而且可回收利用。

（4）脱盐　菊粉提取液中的非糖分，大部分都以离子状态存在，无机物和有机酸绝大部分可离解，各种有机胶体和有色物质在一般情况下也带电荷（主要带负电荷），故它们绝大部分可和离子交换树脂结合而分离除去。

（5）酶解法　在处理液中加入蛋白酶、果胶酶或两者的混合，在一定条件下，利用酶的专一性水解作用，把果胶和蛋白质水解成小分子。根据天然物提取液中杂质的种类和性质，有针对性地采用相应的酶，将这些杂质分解或除去，以改善液体产品的澄清度，提高产品的稳定性。由于酶反应具有高度的专一性，决定了酶解法除杂的高效性。

（6）喷雾干燥　菊粉易吸潮，对干燥温度的要求较高，其干燥工艺的要求相对于一般物料而言更为严格。菊粉干燥工艺及设备的优劣将直接影响到设备能耗、产品的营养成分、色泽、口感及其生物活性等。菊芋菊粉喷雾干燥的优化工艺条件为进口温度190℃，出口温度105℃，进料浓度140g/L。但由于粘壁现象，导致这一阶段菊粉的回收率为89.5％。通过喷雾干燥制的菊芋菊粉粉末性状好，颜色浅，水分含量为3.40％，易于保存。

菊粉的溶解性与吸附特性

菊粉作为一种功能突出的天然产物，在欧洲、澳大利亚、加拿大和日本法律上作为食物配料而非添加剂。目前，菊粉在食品上主要作为稳定剂、质构改良剂、脂肪替代品和抗老化剂等，这与它本身的物理化学性质有密切的关系，特别是其溶解性和吸附特性。菊粉的溶解性取决于其平均聚合度（或分子量），短链菊粉和天然菊粉在室温下易溶于水，而长链菊粉在室温下在水中的溶解度有限，但随着温度的升高，菊粉在水中的溶解度显著增大，当温度超过 80℃时，菊粉在水中的溶解度可达 30％以上，当菊粉在水中的含量过高时则易形成凝胶。

2.1 菊粉的溶解性质

2.1.1 菊粉的溶解度

菊粉在正常条件下易分散在水中，它在水中的溶解度因温度和聚合度不同而异。图 2-1 为不同聚合度的菊粉在水中的溶解度随温度变化的曲线。

由图 2-1 可以看出，随着温度的升高，天然菊粉和长链菊粉在水中的溶解度均呈增大趋势。对于天然菊粉当温度低于 40℃或对于长链菊粉当温度低于 50℃时，两种菊粉的溶解度均较低，在室温下天然菊粉和长链菊粉的溶解度分别为 4.29g 和 0.92g；随着温度的升高，菊粉的溶解度显著增加，当温度升到 80℃时，天然菊粉和长链菊粉的溶解度分别增加至 31.16g 和 22.71g。这是因为温度较低时，菊粉分子羟基之间或水分子之间形成了氢键，能够阻止菊粉在

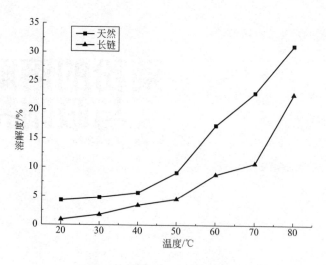

图 2-1　菊粉在水中的溶解度

水中的溶解，起初由于温度升高使微晶束稍被破坏，而暴露出少量的可以与水结合的极性基团，使其溶解度较低；当温度高于某一值时，随着温度的升高，菊粉的晶体结构、分子间和分子内氢键遭到严重破坏，致使其内部结构暴露，与水充分接触，溶解度显著增加。由于天然菊粉的平均聚合度相对较低，其分子结构表面暴露出相对较多的亲水基团（—OH），易于吸水，因此，在相同温度下，天然菊粉的溶解度总比长链菊粉的溶解度大。与其他膳食纤维相比，菊粉具有更好的水溶性。

2.1.2　菊粉的旋光性

表 2-1 为不同质量分数的天然菊粉水溶液的比旋光度。由表 2-1 可知，菊粉的比旋光度为负值，故菊粉具有左旋特性。随着菊粉水溶液质量分数的增大，其比旋光度也逐渐增大，当菊粉质量分数分别为 0.2%、0.5%、1.0% 时，菊粉溶液的比旋光度分别为 −69°、−38° 和 −31.2°。溶液质量分数越小时，随着溶液质量分数的增大，其比旋光度的增加也越为明显，质量分数为 0.5% 的菊粉水溶液比质量分数为 0.2% 的菊粉水溶液的比旋光度增加了 31°。

表 2-1　菊粉水溶液的比旋光度

菊粉的质量分数/%	0.2	0.5	1
比旋光度/(°)	−69	−38	−31.2

2.1.3　菊粉溶液的 pH 值

　　菊粉属于一种中性多糖，理论上其水溶液显中性，但由于实际生产工艺的不同，会导致不同聚合度菊粉的水溶液呈现不同的酸碱性。图 2-2 为不同质量分数的天然菊粉和长链菊粉水溶液的 pH 值。由图 2-2 可知，天然菊粉溶液显弱酸性，随着质量分数的增大，其酸性增强，2% 和 20% 的天然菊粉溶液的 pH 值分别为 6.97 和 6.35；长链菊粉水溶液显弱碱性，并随着其质量分数的增大，碱性增强，2% 和 20% 的长链菊粉溶液的 pH 值分别为 7.04 和 8.32。因此，在食品加工中，特别是在饮料的生产过程中，添加不同聚合度的菊粉可能会对溶液的酸碱性产生影响，这点需要引起注意。

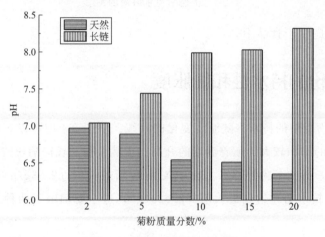

图 2-2　菊粉水溶液的 pH 值

2.2 菊粉溶液的黏度

　　图 2-3 为不同质量分数的天然菊粉水溶液的黏度。当菊粉质量分数低于25% 时，其水溶液的黏度很低，并且随着质量分数的增加变化不明显；但当质量分数高于 25% 时，其溶液的黏度增加显著。这主要是因为质量分数增加时，菊粉水溶液开始形成弱凝胶，分子间相互作用改变了溶液的物理状态。当质量分数达到 35% 时，其黏度变化达最大值。这时菊粉分子相互缠绕并形成网状结构，网状结构之间填充着分散的液体形成黏度较高的固体态凝胶。短-长链混合菊粉对低脂 CMC 流变行为的影响结果表明，菊粉混合物与 λ-卡拉胶具有相同的流变特性，这说明菊粉与卡拉胶的功能相似，可作为

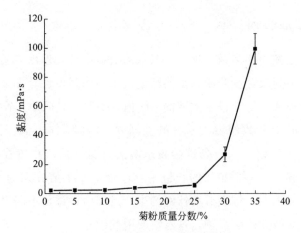

图 2-3　天然菊粉水溶液的黏度

质构改良剂应用于食品中。

2.3 菊粉的持水性和膨胀度

图 2-4 为菊粉的持水力随温度变化的曲线。从图 2-4 中可以看出，温度对菊粉持水性的影响较大。随着温度的升高，天然菊粉和长链菊粉的持水性均先升高后降低。天然菊粉的持水力在 40℃时达到最大值（2.85g/g），而长链菊粉在 70℃时持水力才达到最大值（2.92g/g），这主要归因于两种菊粉不同的聚合度。

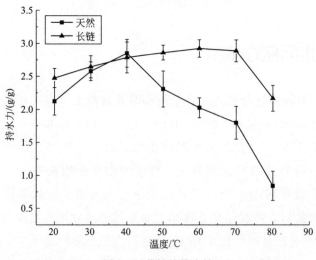

图 2-4　菊粉的持水性

图 2-5 为菊粉的膨胀度随温度变化的曲线。从图 2-5 中可以看出，天然菊粉在温度低于 40℃时，随着温度的升高，其膨胀度增大；当温度达 40℃时，膨胀度达到最大值 （9.99mL/g）；当温度高于 40℃时，随着温度的升高，膨胀度随之降低。长链菊粉在温度低于 60℃时，膨胀度随温度的变化不显著 （$P>0.05$）；在 60℃时，膨胀度达到最大值 （7.32mL/g）；高于 60℃时，膨胀度随温度的升高迅速下降。这是因为菊粉分子的膨胀经过两个阶段，首先是水分子渗入菊粉团粒，使其体积膨胀，其后是分子逐渐扩散，均匀地分散在水相中，温度升高加快扩散速度，溶解度增大，导致膨胀度减小。

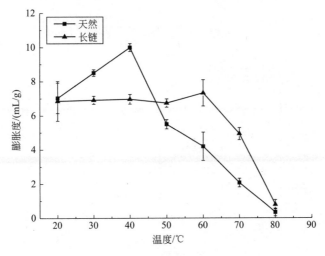

图 2-5　菊粉的膨胀度

在温度较低时 （<40℃），天然菊粉的膨胀度大于长链菊粉的膨胀度。这是因为长链菊粉的平均聚合度高于天然菊粉的，糖链内与链间的氢键作用力比较强，分子链排列整齐紧凑，形成结晶状的紧密结构，在低温时水分子易于侵入平均聚合度较低的天然菊粉分子中，使其更易吸水膨胀；随着温度的升高 （>40℃），聚合度较高的菊粉分子间和分子内氢键发生断裂，分子链逐渐吸水伸展开来，膨胀度增大。

2.4 菊粉的吸附性

2.4.1 菊粉对油脂的吸附性

图 2-6 和图 2-7 表明，不同聚合度的菊粉对动植物油脂均有一定的吸附作

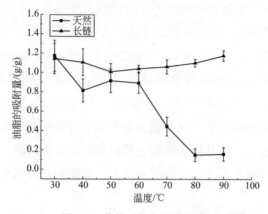

图 2-6　菊粉对植物油的吸附

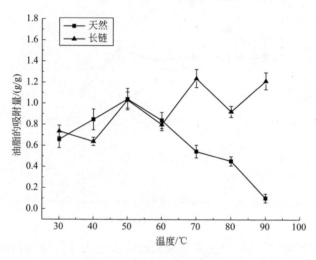

图 2-7　菊粉对动物油的吸附

用。对于植物油脂，天然菊粉的吸油量随温度的升高逐渐降低。在 30℃时，吸油量最大 (1.17g/g)；当温度在 40～60℃时，随温度的升高吸油量变化趋于平缓；当温度超过 60℃时，随温度的升高吸油量则呈显著下降趋势。而长链菊粉的吸油量随温度的升高变化不显著 ($P>0.05$)，温度在 30～90℃时，吸油量变化范围仅为 1.01～1.17g/g。对于动物油脂，天然菊粉的吸油量在较低温度下（<50℃）随温度的升高而增大，但当温度高于 50℃时，随温度的升高吸油量显著下降，这可能与猪油具有较高的熔点（28～48℃）有关，低温下固态的猪油阻碍了菊粉的吸收；而长链菊粉的吸油量随温度的升高总体呈增加趋势，30℃的吸油量为 0.74g/g，90℃的吸油量达 1.21g/g。

总的来看，低温有利于菊粉对植物油脂的吸附，而高温有利于菊粉对动物油脂的吸附。长链菊粉的吸油能力要高于天然菊粉的，且在高温下（＞60℃）这种差异更明显，这主要归因于两个方面：一方面，长链菊粉的疏水性（或亲油性）比天然菊粉强，而油脂为弱极性分子，所以吸附油脂的能力强；另一方面，随着温度的升高，原本结构规则、堆积紧密的天然菊粉的分子结构遭到破坏，导致更多的亲水基团（—OH）暴露在外面，引起吸油能力的显著下降。已报道的玉米磷酸酯淀粉在 40℃时的吸油量在 0.9g/g 左右，60℃时豌豆面的吸油量在 0.9g/g 左右，37℃时苦荞粉的吸油量在 1.0g/g 左右。与这些膳食纤维相比，菊粉具有相对较高的吸油性。

2.4.2 菊粉对 NO_2^- 的吸附

在吸附亚硝酸盐和胆固醇方面，菊粉对亚硝酸根离子具有良好的吸附作用，且随着反应时间的延长而增大。菊粉中含有的大量还原性醇羟基能与亚硝酸根离子结合，从而阻断胃液中亚硝酸根离子合成亚硝胺类物质的过程。菊粉对胆固醇也有一定的吸附作用，菊粉表面有很多活性基团，可以通过分子间的吸引力螯合吸附胆固醇等有机分子，但该过程属物理吸附，结合力较弱，是一种可逆过程。

图 2-8 表明天然菊粉对 NO_2^- 具有一定的吸附作用，NO_2^- 的吸附量变化范围在 $(10.55\pm0.027)\mu g/mL$，但吸附时间对其吸附量的影响不显著。也有研究表明，菊粉在中性条件下对 NO_2^- 有较弱的吸附作用，而在 pH＝2.0（正常胃液的 pH 值）时有较强的吸附 NO_2^- 的能力，吸附量为 7.16mg/g。菊粉的吸附能力与其聚合度有关，聚合度越高，吸附能力就越强。

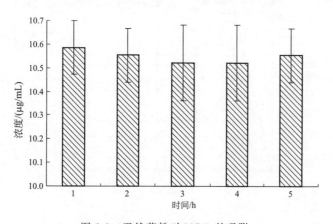

图 2-8　天然菊粉对 NO_2^- 的吸附

2.4.3 菊粉的吸湿性

2.4.3.1 菊粉的吸湿率

采用静态吸附法分别测得不同聚合度的菊粉在不同温度（25℃、30℃、45℃）和不同相对湿度（RH）条件下的吸湿率，其结果如图2-9～图2-14所示。

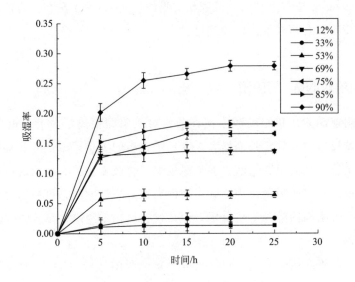

图 2-9 天然菊粉 25℃时的吸湿曲线

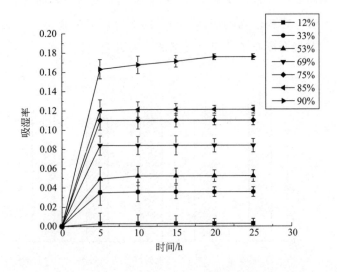

图 2-10 长链菊粉 25℃时的吸湿曲线

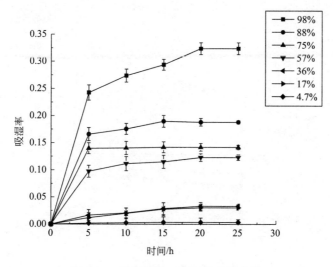

图 2-11 天然菊粉 30℃时的吸湿曲线

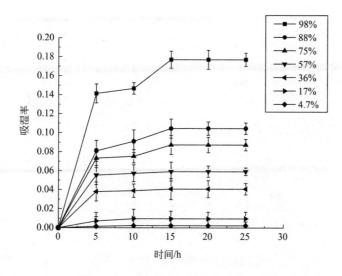

图 2-12 长链菊粉 30℃时的吸湿曲线

由图 2-9～图 2-14 可知，在温度和湿度相同的条件下，天然菊粉的吸湿能力比长链菊粉强。当温度为 25℃和 RH 为 12％条件下达到吸湿平衡时，天然菊粉的最大吸湿率为 1.33％，而长链菊粉的最大吸湿率为 0.29％。温度对菊粉的吸湿性也有一定的影响。例如，当 RH 为 4.7％时，天然菊粉在 30℃时的最大吸湿率为 0.34％，45℃时的最大吸湿率为 0.5％。当湿度较低时（RH＜57％），天然菊粉在三个温度下的吸湿速度变化不显著（$P>0.05$）；当湿度较高时（RH＞70％），随着温度的升高，吸湿速度增大，达到吸湿平衡的时间

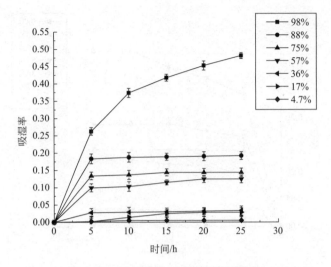

图 2-13　天然菊粉 45℃时的吸湿曲线

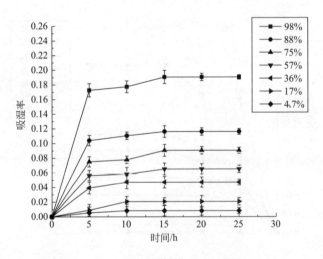

图 2-14　长链菊粉 45℃时的吸湿曲线

缩短；当 RH 达 90％以上时，天然菊粉在 25℃、30℃和 45℃时达到吸湿平衡的时间分别为 20h、20h 和 25h。这种变化趋势可能是由两方面的原因引起的：一是由于温度引起菊粉内部的物化性质发生了变化，升高温度增加了聚合物链段的活性，导致菊粉溶胀吸湿能力的升高；二是因为升高温度，水分子的活性增强，在菊粉中的扩散速度增加，吸湿速度也相应增加，达到吸湿平衡的时间减少。

　　RH 对菊粉的吸湿性也有影响，RH 越大，达到平衡时的吸湿率越大。当温度为 45℃、RH 为 4.7％时，长链菊粉的最大吸湿率为 0.82％，RH 为 98％

时，最大吸湿率为 19.07％。这主要是因为 RH 越大，在一定量空气中含有的水汽越多，菊粉接触和吸收水分子的机会就越大，水分子从表层菊粉分子向内部分子移动直到菊粉达到吸湿平衡。RH 对达到平衡的时间也有一定的影响。RH 较低时（<90％），天然菊粉可以在 20h 内几乎全部达到吸湿平衡。当温度为 25℃ 时，RH 为 12％～53％，天然菊粉达到平衡仅需 5～10h；RH 为 69％～85％ 时，达到吸湿平衡要 10～15h；RH 为 90％ 时，达到吸湿平衡需要 15～20h；温度为 30℃、RH 为 98％ 时，天然菊粉达到平衡需要 20h。从图中还可以看出，菊粉在前 5h 吸湿速度较大，5h 以后变化稍缓，这是因为在吸水初期，表面结合的水分子随吸附物质向内部转移较快，维持了表面较低的水蒸气分压，吸湿速度较快。随着吸湿率的增加，内外压强相差减小，吸湿速度变慢。整体来看，长链菊粉达到吸湿平衡的时间都要比天然菊粉的时间短。这是由两种菊粉不同的晶体结构引起的，长链菊粉的聚合度高，晶体结构致密而高度有序，更加不容易吸湿。

天然菊粉和长链菊粉达到吸湿平衡时的外观状态也发生了变化，天然菊粉随着 RH 的增加，菊粉慢慢结块，RH 达到 80％ 时，菊粉开始慢慢溶化；当 RH 低于 45％ 时，长链菊粉在 25℃、30℃、45℃ 下达到吸湿平衡时，菊粉还为粉末状，具有一定的流动性，随着 RH 的升高，长链菊粉开始结块，不具有流动性。

菊粉在不同吸湿条件下，其外观状态也发生了变化。菊粉原料处理前具有粉状物质特性，且具有一定的流动性 [图 2-15(a)]。当天然菊粉吸收一定水分后，菊粉逐渐失去粉状外观而结块，这主要是因为菊粉在较高湿度条件下不稳定，通过热熔变化或晶体转变而形成更加稳定的物理状态，即形成凝胶状态 [图 2-15(b)]。

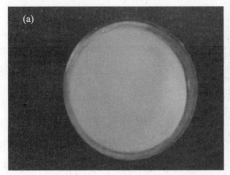
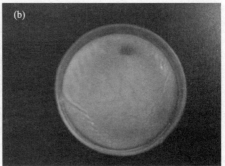

图 2-15　天然菊粉吸湿前后物态变化

2.4.3.2　菊粉吸附等温线和临界相对湿度（critical relative humidity，CRH）

图 2-16～图 2-21 为水分的吸附等温线（MSI），其中 EMC 表示吸湿平衡曲线。由图可知，菊粉的吸附等温线呈 J 形，属于 Bruanuer 划分的第Ⅲ型等温线。第Ⅲ型等温线的特征是在低水分活度区间内，水分吸附量较小，在高水分活度区间（RH＞85％）内，水分吸附量急剧增加。

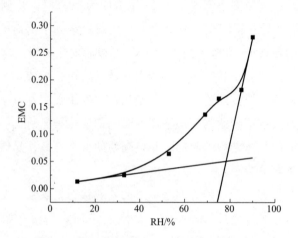

图 2-16　天然菊粉 25℃时的吸附等温线

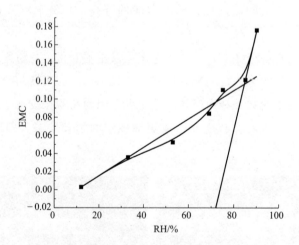

图 2-17　长链菊粉 25℃时的吸附等温线

从图中可以看出，天然菊粉在 25℃、30℃、45℃的 CRH 分别为 78.2％、87.7％、87.0％，由此可以看出，降低贮藏温度，可以有效降低菊粉的临界相对湿度，从而延长菊粉的贮藏时间。长链菊粉的 CRH 在不同的温度下为 84.6％、84.7％、84.5％，这说明温度低于 45℃时，温度对长链菊粉的临界

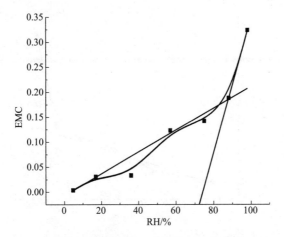

图 2-18　天然菊粉 30℃时的吸附等温线

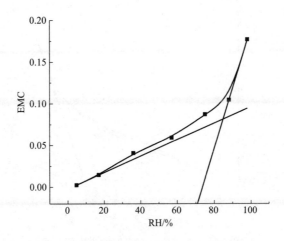

图 2-19　长链菊粉 30℃时的吸附等温线

相对湿度影响不显著（$P > 0.05$）。CRH 的确定为菊粉在生产、运输、贮藏的环境提供参考，应将生产、运输及贮藏环境的相对湿度控制在菊粉的 CRH 值以下，以防止吸湿。

2.4.3.3　吸湿多项式拟合

以 a_w 为自变量，吸湿量为因变量，进行三级多项式拟合，拟合结果如表 2-2 所示。由表 2-2 可知，对天然菊粉吸湿平衡曲线进行三级多项式拟合效果较好，温度为 25℃和 30℃时相关系数 R^2 分别达到 0.97 和 0.92，只有 45℃时，拟合效果较差（$R^2 = 0.87$）。

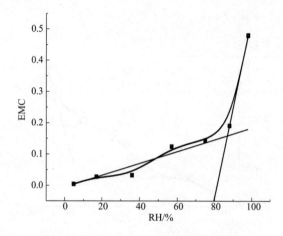

图 2-20　天然菊粉 45℃时的吸附等温线

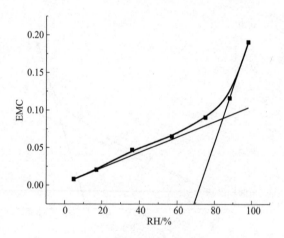

图 2-21　长链菊粉 45℃时的吸附等温线

表 2-2　菊粉吸湿多项式拟合

温度/℃	拟合多项式	R^2
25	$y=0.8671x^3-0.6699x^2+0.2474x+0.0393$	0.9747
30	$y=2.0121x^3-2.6919x^2+1.0889x-0.0011$	0.9156
45	$y=2.722x^3-3.5047x^2+1.3329x+0.0143$	0.8734

2.4.3.4　结晶化的形成

由图 2-22 可知，不同吸湿量后的天然菊粉的衍射角测定范围为 $4°<2\theta<30°$，不同吸湿量的菊粉具有不同的晶体状态，表明菊粉的水合作用是导致菊粉晶体转变的重要因素。当含水率不同时，菊粉分别转变为无定形态、半晶体态或晶体状态。菊粉无吸湿量时为无定形态结构；吸湿量在 6.5%～11.25%

时，菊粉开始由无定形态结构向半晶体形态转变，并在吸湿后已存在部分晶体状态。Mazeau 等采用斜方晶系空间群研究这两物态时，发现水合和半水合的菊粉分子状态没有任何差异，只在单位菊粉分子结合的水分子数目不同。由图 2-22 可知，水合状态的半晶体菊粉具有一个共同的衍射峰，即 $2\theta = 9.1°$，这是由于晶格中形成新的氢键而导致羟甲基发生扭转变化而产生的。

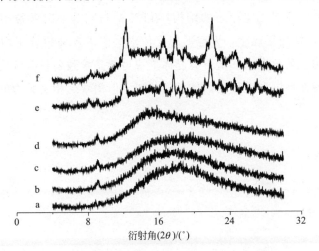

图 2-22　天然菊粉不同吸湿量后的衍射图

a—天然菊粉粉末；b—6.5%；c—9.5%；d—11.25%；e—17.72%；f—18.75%

不像晶体结构，无定形态具有非平衡的动力学结构。无定形态一般是物质熔化到一定温度后快速冷却，以致分子没有足够的时间重新排列而冷冻在原来的位置。这种物理状态也可以通过快速干燥溶液得到，比如冷冻干燥等，所形成的无定形态固体，可以说成是具有固体状态的液体结构。天然菊粉的生产通常是采用喷雾干燥方式工业生产，所以菊粉在未发生任何变化时为无定形态。菊粉在一定湿度下稳定性较差（图 2-9、图 2-11、图 2-13 和图 2-15），依靠湿度及贮藏温度的改变，无定形态可以改变物理状态达到更加稳定的形态，比如说结晶化、降低热熔值等。Ronkart 等也发现菊粉在 75% 相对湿度贮藏时就会转变成晶体状态，并且导致晶种的形成。

采用 P_2O_5 控制菊粉的吸湿量来研究其结构变化也得出相似的变化规律，只是当菊粉在含水量为 15.7g 水/100g 干菊粉时还处于无定形态，只在吸湿量达到 15.7~16.3g 水/100g 干菊粉时，菊粉才发生晶体转变现象。通过对两种长链菊粉 TEX 和 HPX 在水环境下晶体状态的变化和其水合动态进行显微观察的结果发现，TEX 粉末具有无定形的光谱特点；20℃ 条件下形成的菊粉凝胶具有半晶体衍射峰特征，这种差异是由于水分的存在而导致的，它能够使菊粉从无定形态向半晶体态转变，这与菊粉在高湿度条件下的转变状态的原理相同；72℃形成的凝胶晶体结构进一步减少；HPX粉末具有较好的结晶结构衍射峰，但在20℃和72℃形成的菊粉凝胶具有半晶体衍射峰特征，具有晶体状态的结构随着温度的升高而减少。采用显微镜观察菊粉分子的水合过程，可以发现，当菊粉颗粒刚接触到水的时候，HPX菊粉颗粒开始膨胀并且解体成不规律的小颗粒，变成无定形态的结构；TEX菊粉刚开始时颗粒很小，大小在0.6~0.8μm，排列很规律，无定形态促使水基团进入菊粉分子内部并形成稳定的晶体结构。菊粉在水环境下有晶体形成可能是导致菊粉凝胶成胶的根本原因，这与菊粉在不同湿度下的晶体转变相似，但仍缺乏相关有力的证据。

菊粉的酸热稳定性
和凝胶特性

菊粉的构成单位主要是果糖，其末端通常连接一个葡萄糖单元。由于菊粉的平均聚合度较小，因此，相比其他高分子类多糖，菊粉更易于在酸性条件下发生水解。通常工业上可利用菊粉来生产高果糖浆。目前菊粉降解生产高果糖浆的方法主要有酸水解法和酶水解法。酸水解法主要使用硫酸、盐酸或有机酸降解菊粉，水解条件也不尽相同。近年来，在原有的基础上又衍生出新的降解菊粉的方法，如以强酸性阳离子交换树脂作为固体酸催化水解菊粉。酸水解法成本低，时间短，反应稳定且容易控制，但反应完成后需中和脱盐，存在一定的环境污染。相对酸水解方法，菊粉酶水解方法污染少，条件温和，常采用的酶包括菊粉内切型和菊粉外切型两种。菊粉酶水解法工艺相对简单，但存在水解时间长、酶不耐高温和价格高等问题。

与常见的膳食纤维相比，菊粉的加工性能更加突出，这归因于其良好的水溶性、适宜的分子量、良好的色泽、与面粉相似的粉体特性和能形成优异的凝胶质构。菊粉的添加能使食品内部结构更加均匀细腻、口感滑爽、色泽美观。在菊粉-水混合体系中，当天然菊粉含量高于25％或者长链菊粉含量高于15％时，菊粉溶液经过高速剪切作用或加热/冷却过程，开始形成质构柔滑、微粒均一而细腻类似脂肪的凝胶结构。该凝胶具有良好的黏弹体流变学特性，具有与奶油极为相似的外观和口感。菊粉与亲水胶体相互作用后，具有良好的黏度和流动性，能改善食品的品质与质构，成为应用于低能量食品生产的有效的脂肪替代品。由于菊粉的屈服应力低，因此，菊粉凝胶还具有剪切稀释和触变特性，在振荡流变实验中，菊粉凝胶逐渐丧失凝胶固体特性，弹性系数降低，而流体特性和黏度系数逐渐增加，即操作性能好，易应用于各类食品的加工中。

3.1 菊粉的热稳定性

菊粉在中性条件下对热非常稳定，图 3-1 为菊粉在不同温度下其水溶液中还原糖含量的变化。由图 3-1 可知，天然菊粉和长链菊粉的还原糖含量变化与温度的关系不大。当温度低于 80℃ 时，两者的还原糖含量基本不变，这说明两种菊粉的热稳定性都非常好，可经受大多数食品加工过程。当温度达到 100℃ 时，二者都有略微的变化，尤其是天然菊粉，100℃ 与 20℃ 相比，还原糖含量相对增加了 27.8％，而长链菊粉 100℃ 比 20℃ 增加了 10.7％，这说明长链菊粉的热稳定性比天然菊粉的热稳定性好。

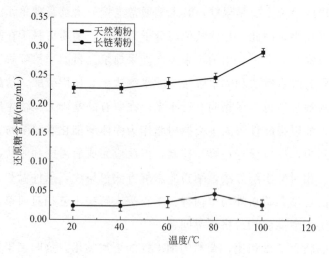

图 3-1　0.3％的不同聚合度的菊粉溶液在
不同温度下的还原糖含量变化

在食品的热处理过程中，菊粉具有良好的热加工稳定性，不会因高温而影响食品的加工性质和产品品质。菊粉易于应用到烘焙食品中，尤其是长链菊粉，在 200℃ 以下仍具有较好的稳定性。菊粉不仅能够缩短烘焙食品的发酵时间，为企业提高生产效率，而且使食品的表皮更加金黄，内部组织更加均匀细腻，具有特有的焙烤香味，货架期更长。更重要的是，菊粉属于益生元，具有改善肠道微环境、促进益生菌增殖、调节血糖水平、促进矿物质吸收、降血脂和预防肥胖症等生理功能。短链菊粉的热稳定性虽然不如天然菊粉和长链菊粉，但在温度低于 100℃ 的热处理中也能保持良好的稳定性。

3.2 菊粉的酸稳定性

3.2.1 温度和 pH 值对菊粉稳定性的影响

在不同 pH 值（pH 1.0～7.0）和温度（20～100℃）条件下，分析不同聚合度的菊粉水溶液在 1h 后还原糖含量的变化（见图 3-2 和图 3-3），发现酸性环境能够明显诱导菊粉的水解。在 pH≤3 时，0.3％的不同聚合度的菊粉溶液能够发生完全水解。在室温下菊粉溶液就能发生降解，随着温度的升高，还原糖含量增加，化学稳定性降低。这可能是因为 H^+ 的加入改变了水分子的结构，从而影响了水与菊粉分子发生相互作用。在 pH 为 4 时，温度达到 80℃二者才能水解。在 pH 为 5～7 范围内，即使温度升高到 100℃，还原糖含量的变化很小，二者在此范围内基本不发生水解，化学性质稳定。在酸性条件下，酸度越低，水解速率越快，菊粉的化学性质越不稳定。水解是一个吸热反应，所需的激活该反应的能量高于它本身的活化能。酸度越低，分子碰撞的机会就越大，水解得越彻底。菊粉在碱性条件下，化学性质非常稳定。

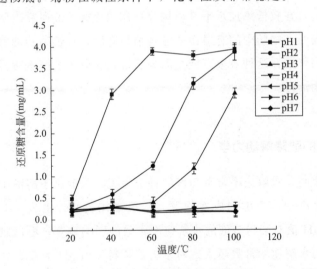

图 3-2　0.3％天然菊粉溶液的酸水解

研究不同聚合度的菊粉的酸热稳定性是为了让菊粉更好地应用到食品中，为人们提供口味更好、更加健康的食品。在酸奶中加入菊粉，能提高酸奶的营养价值，不仅能使酸奶的脂肪含量和热量值降低，而且能充分发挥酸奶中益生菌的生理功能，具有促进双歧杆菌增殖、改善肠道内环境、控制血糖和血脂水

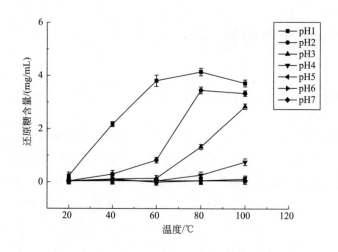

图 3-3　0.3％长链菊粉溶液的酸水解

平的作用，还能促进牛奶中钙离子的吸收，特别适用于肠道菌群失调、肥胖症、高血脂和糖尿病人的食用。在酸奶的制作过程中，热处理的温度低于100℃，酸奶的pH在4.2～4.5之间。在三种菊粉中，长链菊粉更适合添加到酸奶中，这是因为长链菊粉在pH＝4时较天然菊粉和短链菊粉具有更好的酸热稳定性，并且在较低添加水平其质构改良作用更好。经研究表明，菊粉只有到达人体结肠时，结肠中的有益菌才能将菊粉降解，长链菊粉能够更有效地抑制结肠的损伤作用，这种效果可能是因为长链菊粉分子的酵解缓慢，促进了末梢结肠的细菌活性。

3.2.2　菊粉的酸降解动力学

有研究表明，水解速率常数与酸的种类无关，只取决于溶液中的氢离子含量。在实际生产中，考虑到成本问题，一般都用硫酸。由表 3-1 和表 3-2 可知，温度和 pH 值对菊粉溶液的水解速率常数的影响显著，温度越高或 pH 值越低，菊粉的水解速率常数越大。对于天然菊粉，当 pH 为 2 和 3 时，90℃的水解速率常数分别是 50℃时的 81.08 倍和 23.31 倍。而当 pH 为 4 时，90℃的水解速率常数仅为 50℃时的 1.51 倍。当温度为 50℃时，在 pH＝2 时天然菊粉的水解速率常数是 pH＝4 时的 1.74 倍，而当温度为 90℃时，在 pH＝2 时天然菊粉的水解速率常数则是 pH＝4 时的 93.55 倍。由此可以看出，高温和低pH 值均对菊粉的水解速率常数影响很大，尤其是当 pH＝2 和温度升高到

80℃时，菊粉的水解速率常数陡然增大。

表 3-1　天然菊粉溶液在不同温度和 pH 下的降解动力学

pH	温度/℃	动力学方程	R^2	水解速率常数 /[mg/(mL·h)]	E_a/(kJ/mol)
2	50	$y=-0.0075x+2.6933$	0.9690	0.0075	
	60	$y=-0.0198x+2.5509$	0.9905	0.0198	
	70	$y=-0.0228x+2.4721$	0.9824	0.0228	11.5190
	80	$y=-0.5115x+2.7920$	0.9767	0.5115	
	90	$y=-0.6081x+2.7800$	0.8217	0.6081	
3	50	$y=-0.0039x+2.0722$	0.9037	0.0039	
	60	$y=-0.0081x+2.2215$	0.9605	0.0081	
	70	$y=-0.0176x+2.2897$	0.9854	0.0176	74.7021
	80	$y=-0.0557x+2.3472$	0.8931	0.0557	
	90	$y=-0.0909x+3.3073$	0.9507	0.0909	
4	50	$y=-0.0043x+2.1671$	0.9197	0.0043	
	60	$y=-0.0037x+1.6554$	0.9678	0.0037	
	70	$y=-0.0043x+1.5916$	0.7726	0.0043	117.0029
	80	$y=-0.0046x+1.3095$	0.8825	0.0046	
	90	$y=-0.0065x+1.3995$	0.9094	0.0065	

表 3-2　长链菊粉溶液在不同温度和 pH 下的降解动力学

pH	温度/℃	动力学方程	R^2	水解速率常数 /[mg/(mL·h)]	E_a/(kJ/mol)
2	50	$y=-0.0083x+2.4906$	0.9679	0.0083	
	60	$y=-0.0076x+2.3182$	0.8983	0.0076	
	70	$y=-0.0254x+2.9569$	0.9707	0.0254	43.8896
	80	$y=-0.3980x+2.7474$	0.9764	0.3980	
	90	$y=-0.5794x+2.3349$	0.9600	0.5794	
3	50	$y=-0.0046x+1.9847$	0.8688	0.0046	
	60	$y=-0.0053x+2.2568$	0.9327	0.0053	
	70	$y=-0.0058x+2.0233$	0.9390	0.0058	80.2234
	80	$y=-0.0530x+2.2498$	0.9675	0.0530	
	90	$y=-0.0695x+2.9315$	0.9671	0.0695	
4	50	$y=-0.0029x+1.8773$	0.9217	0.0029	
	60	$y=-0.0028x+1.6230$	0.9088	0.0028	
	70	$y=-0.0059x+1.7768$	0.8630	0.0059	120.6445
	80	$y=-0.0121x+1.7032$	0.9578	0.0121	
	90	$y=-0.0133x+1.8409$	0.9769	0.0133	

由表 3-1 和表 3-2 中的 R^2 可知，在不同的 pH 条件下，菊粉含量的对数

值与时间具有良好的线性关系，说明天然菊粉和长链菊粉溶液的酸降解符合一级反应动力学规律。当 pH 相同时，温度升高，菊粉的降解速率增大；当温度相同时，菊粉的降解速率随 pH 的降低而增大。其水解的机理是水中的氢离子可和菊粉上的氧原子相结合，使其变得不稳定，容易和水反应，菊粉分子链在该处断裂，同时又释放出氢离子，从而实现菊粉长链的连续断裂，直到分解成最小的单元糖。所得单糖和低聚糖还会进一步反应，生成副产品。

活化能用来定义一个化学反应的发生所需要克服的能量障碍。活化能可以用于表示一个化学反应发生所需要的最小能量，等于活化分子的平均能量与反应物分子的平均能量之差，单位为 kJ/mol。它是反应动力学研究的重要参数之一，反映一个化学反应能够发生需要从外部环境中吸收热量的多少。活化能越大，表明发生该化学反应越困难。由表 3-1 和表 3-2 可知，在 pH 分别为 2、3 和 4 时，天然菊粉的活化能依次为 11.5190kJ/mol、74.7021kJ/mol 和 117.0029kJ/mol，长链菊粉的活化能依次为 43.8896kJ/mol、80.2234kJ/mol 和 120.6445kJ/mol。两种菊粉都是随着酸度的升高活化能降低，这也说明在菊粉水解过程中酸催化菊粉的降解。长链菊粉的 E_a 比天然菊粉的 E_a 稍大，这可能是因为长链菊粉的分子量较大，水解反应较天然菊粉更难进行。

3.3 影响菊粉凝胶形成的因素

3.3.1 含量

菊粉质量分数对其凝胶指数（VGI）和成胶时间的影响如表 3-3 所示。

表 3-3 天然菊粉质量分数对凝胶形成的影响

菊粉质量分数/%	VGI/%	成胶时间/h	菊粉质量分数/%	VGI/%	成胶时间/h
20	67.2	—	45	100	0.93
25	81.0	—	50	100	0.80
30	93.6	—	55	100	0.68
35	100	6.12	60	100	0.50
40	100	2.25			

由表 3-3 可知，天然菊粉的含量决定了凝胶的 VGI 及凝胶形成时间，且对凝胶 VGI 的影响显著。当溶解的菊粉从水中析出并在菊粉溶液中相互缠绕形成半固态结构时，即形成凝胶。菊粉含量低于 35％时，菊粉不能够形成坚固的网状结构（图 3-4），这时凝胶 VGI 低于 100，具有流动性和液体特性；

菊粉含量越高，菊粉越易析出，分子之间的相互作用也就越强烈，液体黏度也越高；当含量超过35%时，菊粉水溶液可以完全形成凝胶（VGI＝100），此时形成的凝胶没有流动性，具有固体的特性，呈现乳白色的外观和特殊的乳脂般香味。菊粉VGI还与其平均聚合度密切相关。Kim等发现长链菊粉在25%时VGI达到100。

图 3-4　不同含量条件下菊粉凝胶的成胶状态

(a) 20%；(b) 30%；(c) 40%

3.3.2　平均聚合度

菊粉的平均聚合度对其形成凝胶的条件有明显的影响。通常菊粉的平均聚合度越高，其越容易形成凝胶，且凝胶的硬度也越大。表 3-4 为长链菊粉（平均聚合度≥23）形成凝胶的条件。与表 3-3 的天然菊粉相比，当长链菊粉在水中的质量分数达 13%时就能形成 100%的凝胶，而天然菊粉含量需要达到35%时才能形成 100%的凝胶。

表 3-4　长链菊粉含量和温度对凝胶指数（VGI）的影响

温度	菊粉质量分数/%						
	10	13	16	19	22	25	28
50℃	95.1±0.14	100	100	100	100	100	100
60℃	95.6±0.14	100	100	100	100	100	100
70℃	89.25±2.19	95.85±0.35	100	100	100	100	100
80℃	84.4±1.41	90.4±1.27	99.59±0.02	100	100	100	100
90℃	0	0	0	19.65±2.05	58.5±5.66	98.3±0.52	100

注：凝胶制备条件为搅拌转速为 600r/min、加热时间为 15min，然后在 4℃下贮藏 48h。

3.3.3 pH 值

不同酸度下形成的天然菊粉凝胶的成胶时间如表 3-5 所示，所测结果与中性条件下的成胶时间进行比较。

表 3-5　不同酸度下天然菊粉的成胶时间　　　　　　　　单位：h

菊粉含量 /%	pH			
	7.0	5.0	3.0	1.0
20	—	—	—	—
30	—	—	—	—
40	2.25	2.98	3.33	—
50	0.80	1.08	1.92	—
60	0.50	0.58	1.38	—

注：—表示不能成胶。

由表 3-5 可知，pH 值大小和菊粉含量对菊粉成胶影响显著。当菊粉含量低于 30% 时，不能完全形成凝胶；只有当含量大于 40% 时，菊粉才能完全形成凝胶，且菊粉含量越大，成胶时间越短。与 40% 相比，60% 菊粉含量的成胶时间缩短了 1.75h。低 pH 值可以降低菊粉的成胶能力，延长成胶时间。当 pH 为 3.0、菊粉含量为 40%、50%、60% 时，成胶时间分别延长了 1.08h、1.12h 和 0.88h；当 pH 为 1.0 时，20%～60% 菊粉含量都不能成胶。酸度对菊粉成胶时间的影响是因为菊粉在不同酸度条件下发生不同程度的水解，使菊粉的聚合度降低，成胶能力下降。当 pH 为 1.0 时，菊粉水解成聚合度较低的低聚糖，其水溶性增大，导致不能相互聚集形成网状结构，所以不能形成凝胶。

3.4 菊粉凝胶的持水性

不同含量菊粉水溶液形成的凝胶具有不同的持水性（图 3-5），随着菊粉含量的升高，其凝胶持水性增大。当菊粉含量由 35% 上升至 60% 时，所形成的凝胶的持水性也相应增大了 1 倍。菊粉含量较低（<40%）时，所形成的凝胶的持水性随贮藏时间的延长而增加；当菊粉含量高于 40% 时，所形成的凝胶的持水性在 3d 内变化不明显，但随着贮藏时间的进一步延长，凝胶的持水性增加显著。这是因为含量的升高和贮藏时间的延长使得凝胶的网状结构更加致密，结构更加稳定。菊粉凝胶这种良好的持水性能够防止食品在生产和贮藏

中水分的损失，可广泛应用于面制品、火腿肠和鱼糜等食品中，从而能提高产品的质量和延长产品的货架期。

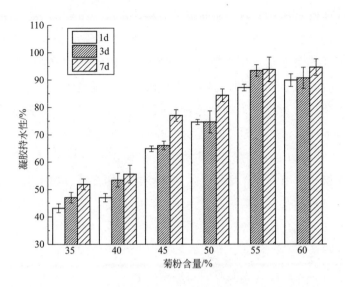

图 3-5　4℃贮藏过程中菊粉含量对凝胶持水性的影响

3.5 菊粉凝胶的质构特性

　　质构特性试验（TPA）用来研究不同含量的菊粉凝胶的质构特性，分析凝胶贮藏在 4℃下 7d 内的稳定性，因为在 4℃凝胶几乎不损失水分。由于菊粉含量低于 35%（VGI 低于 100）的凝胶的质构太柔软，因此不适合进行 TPA 试验，只对含量超过 35%的凝胶进行质构分析。表 3-6 显示了不同含量的天然菊粉凝胶在贮藏过程中的质构特性，包括硬度、强度、黏附力、黏着性、凝聚性及咀嚼性等。

　　凝胶的硬度和强度是凝胶受到外界压迫时所表现出来的，反映了菊粉凝胶分子之间的作用力情况及网状结构的稳定性，它们受菊粉含量和贮藏时间的影响较显著（$P<0.01$，$P<0.05$）。菊粉凝胶的硬度和强度随菊粉含量的增加而增加，这主要是因为增加菊粉含量，可以提高凝胶的坚固性和抗压能力。随着菊粉含量的增加，凝胶硬度增大的变化程度不同。当菊粉含量低于 50%时，变化明显；在 50%～55%时的变化程度减小。与 35%相比，60%所形成的凝胶硬度分别在第 1 天、第 3 天和第 7 天增加了 0.34N、0.51N、0.46N。贮藏时间对凝胶硬度变化的影响也与菊粉含量有关。当菊粉含量不超过 35%时，

第1天与第3天的硬度值相近；当高于35％时，凝胶硬度的增加速度不同，在第1～3天内增加最快，且当菊粉含量为60％时，第3天的凝胶硬度与第7天的相近（仅相差0.019N），而与第1天相比，增加了约0.18N。凝胶强度也随着菊粉含量与贮藏时间的增加而增加，且增加的幅度受两者共同作用的影响。第1天凝胶强度在菊粉含量低于40％时基本不变，但在40％～60％时随着菊粉含量的增加呈线性增加；第3天与第7天强度变化规律相似，在35％～50％时随着菊粉含量的增加增加速度较快，在50％～55％时强度较稳定，变化较小，在60％时达到最大值且强度相近，分别为31.1×10³Pa、31.6×10³Pa。菊粉凝胶的硬度和强度随贮藏时间的变化说明在4℃贮藏过程中水-固两相之间的相互作用一直在增强，这对菊粉在固体食品，如冰淇淋等冷冻贮藏食品中的应用非常有利，菊粉凝胶适中的强度和硬度特性，可广泛应用于各种固体食品中，赋予其良好的塑性。

菊粉凝胶具有黏性特性，并且在贮藏过程中均表现出黏着性的特点，黏附力和黏着性的变化规律代表凝胶阻止形变的能力。表3-6显示了黏着性及黏附力随着菊粉含量的增加及贮藏时间的延长都有增加的趋势。这是因为增加菊粉含量及延长贮藏时间有利于菊粉分子结合得更为致密，凝胶结构更加坚固，从而具有较强的阻止形变的能力。从表3-6中可以看出，菊粉含量对凝胶黏着性和黏附力有着相似的变化规律，当菊粉含量低于40％时，黏着性和黏附力变化不大；在菊粉含量为40％～45％时，随着含量的增加黏着性和黏附力的增加速度明显加快；在45％～55％时随着含量的增加黏着性和黏附力表现相对稳定，60％时均达到最高值，分别为4.65N·s和0.336N。贮藏时间对凝胶黏着性和黏附力的影响规律为：当菊粉含量低于45％时，第1天与第3天凝胶黏着性和黏附力相近，且均低于第7天值；但当菊粉含量高于55％时，第3天与第7天凝胶黏着性和黏附力相近。菊粉不同的黏着特性，适合应用于各种饮料，特别是牛奶饮料中，可以提供不同水平的黏性口感，以满足消费者的需求。

凝聚性和咀嚼性也是评价凝胶的重要指标，它们均受菊粉含量和贮藏时间的影响。凝聚性的变化表示凝胶内部分子之间力的作用情况，随着菊粉含量和贮藏时间的增加变化较复杂，但总体呈现增大趋势。与35％菊粉凝胶相比，60％凝胶的凝聚性在第1天、第3天和第7天分别增加了0.11、0.20和0.17。在相同菊粉含量时，贮藏时间对凝聚性的影响变化较小，且不同菊粉含量其增幅也不一样，最高可增加0.092。当菊粉含量低于50％时，第1天与第3天凝胶

表 3-6 在 4℃ 贮藏条件下不同天然菊粉含量所形成凝胶的质构特性

项目	时间	菊粉含量 /%					
		35	40	45	50	55	60
硬度/N	1d	0.1290±0.0038	0.2004±0.0139[b]	0.2881±0.0285[b]	0.3870±0.0308[a]	0.3833±0.0294[b]	0.4701±0.0500[a]
	3d	0.1408±0.0113	0.3042±0.0591	0.3290±0.0148[a]	0.4200±0.0660[a]	0.4463±0.0434[a]	0.6474±0.0485[ad]
	7d	0.2048±0.0219[d]	0.3421±0.0642	0.3909±0.0255[a]	0.4400±0.0752[b]	0.4654±0.0498[a]	0.6667±0.1093[b]
强度/10³Pa	1d	3.8217±0.7093	4.7558±0.8671	9.51889±0.9029[b]	16.1614±3.2297[b]	16.2131±1.2556[b]	21.6242±0.045
	3d	5.9178±0.6766[d]	13.2734±1.8904[bd]	15.0357±0.9554	18.8885±2.3420[b]	17.1826±0.7784[a]	31.1394±0.4903[a]
	7d	9.1139±1.6173[d]	15.5696±2.9746	19.3329±1.8173[ac]	25.4681±3.0246[b]	24.4204±2.7241[a]	31.6002±2.7684[a]
黏附力/N	1d	0.0827±0.0064	0.1094±0.0219	0.1792±0.0527	0.2184±0.0132[a]	0.2053±0.0177[b]	0.3063±0.0216[a]
	3d	0.0806±0.0123	0.1264±0.0271	0.2066±0.0258[a]	0.2223±0.0388[b]	0.2300±0.0262[a]	0.3363±0.0565[a]
	7d	0.1011±0.019	0.1244±0.0212	0.2067±0.0058[a]	0.2693±0.0384[a]	0.2418±0.0117[a]	0.3242±0.0534[b]
黏着性/N·s	1d	1.1417±0.0611	1.0833±0.0997	2.5404±0.6604	3.0659±0.2729[a]	3.1768±0.3917[b]	4.6541±0.1688[a]
	3d	0.9493±0.1267	1.2174±0.2172	2.9084±0.5760[b]	3.3465±0.4424[b]	3.6137±0.4083[b]	4.3398±0.1778[ac]
	7d	1.2451±0.2349	1.4002±0.2687	2.9657±0.1802[b]	3.7838±0.3693[b]	3.4076±0.3062[a]	4.5548±0.1057[a]
凝聚性	1d	0.1709±0.0443	0.1066±0.0121	0.1871±0.0692	0.2316±0.0897	0.3182±0.0803	0.2804±0.0345
	3d	0.1518±0.0582	0.1099±0.0052	0.1927±0.0160[c]	0.2515±0.3214	0.2524±0.0696	0.3498±0.2766[b]
	7d	0.2036±0.0592	0.0896±0.0249	0.2602±0.05223[c]	0.2547±0.0523	0.3661±0.02	0.3719±0.0226
咀嚼性	1d	0.0222±0.0072	0.0214±0.0044	0.0550±0.0249	0.0909±0.0409	0.1304±0.0031	0.1322±0.0240[b]
	3d	0.0269±0.0058	0.0371±0.0037	0.0633±0.0027[b]	0.0987±0.0324[a]	0.1020±0.0295	0.2260±0.0167[ad]
	7d	0.0464±0.0024	0.0265±0.002	0.0957±0.0274[d]	0.1271±0.0521	0.1694±0.0188[b]	0.2517±0.0638[b]

注：a、b 和 c、d 分别代表菊粉含量和贮藏时间的影响显著性。a、c 显著水平 $P=0.01$，b、d 显著水平 $P=0.05$。

的凝聚性变化较小。咀嚼性对菊粉的应用有重要的意义,当菊粉含量低于40%时,咀嚼性基本不变;但高于40%时,其值随着菊粉含量的增加迅速增加。与35%的菊粉凝胶相比,60%凝胶的咀嚼性在第1天、第3天和第7天分别增加了0.11、0.20、0.21。菊粉凝胶的咀嚼性与贮藏时间成正比,相同菊粉含量的凝胶,贮藏时间越长,咀嚼性就会越高,这可能是凝胶在贮藏过程中网状结构趋于更加稳定的结构,使其具有更高的咀嚼性。当菊粉含量低于50%时,凝胶前3天的咀嚼稳定性较好,随着贮藏时间的延长,最高增加0.016;菊粉含量为60%时,第7天和第3天比第1天凝胶的咀嚼性分别高0.12、0.094。良好的咀嚼性可以提供食品良好的口感,而其优良的稳定性有利于食品在贮藏过程中品质的稳定性。

菊粉凝胶的质构特性受菊粉含量和贮藏时间的影响较大,且变化范围较广,这使菊粉可以较好地应用到各种食品中。根据食品种类及感官需要,添加不同含量的菊粉或替代不同含量的脂肪,可获得较好的食品品质。如在奶酪中使用1%的菊粉作为脂肪替代品,在牛奶饮料中加入4%~10%的不同链长的菊粉,均可达到较好的效果。

3.6 pH值对菊粉凝胶性质的影响

3.6.1 pH值对菊粉凝胶指标的影响

由表3-7可知,凝胶指数(VGI)随着菊粉含量的增加而增加,随着pH的降低而降低。当pH为7.0、菊粉含量低于40%时,菊粉不能完全成胶(VGI<100),且VGI值越高,说明菊粉含量越高,菊粉的成胶能力越强;当菊粉含量高于40%时,VGI为100,说明菊粉已完全成胶。当菊粉在pH≥3.0和含量高于40%时,可以完全成胶;在20%~30%时,VGI随着pH的降低而减小,这说明菊粉的成胶能力越来越弱;当pH=3.0、20%的菊粉含量和pH=1.0时,不能成胶,说明菊粉经过热处理再冷却后还处于完全溶解状态,不能析出形成沉淀。pH值对菊粉凝胶VGI的影响与对其成胶时间的影响一样,都是由于菊粉在酸性条件下出现热降解引起的。

表 3-7 不同 pH 值下天然菊粉的凝胶指数 （VGI）

菊粉含量/%	pH			
	7.0	5.0	3.0	1.0
20	77.9	67.2	—	—
30	94	93	91.7	—
40	100	100	100	—
50	100	100	100	—
60	100	100	100	—

注：—表示不能成胶。

3.6.2 pH 值对凝胶持水性的影响

菊粉含量和 pH 值对菊粉凝胶持水力的影响都非常显著（$P < 0.01$，$P < 0.05$）（图 3-6）。随着菊粉含量的增加，菊粉凝胶的持水力也随之增强。在不同 pH 下，菊粉凝胶持水力增加的幅度也不一样。随着 pH 的降低，凝胶持水力的增加量也随之降低，pH 为 7.0、5.0、3.0 时，与 40% 的菊粉凝胶相比，60% 的分别增加了 33.5%、43.65% 和 45.08%，这主要是因为在对持水力的影响方面，酸降解效应要大于菊粉含量增加的效应。持水力表示凝胶截留水分子的能力及三维网状结构的稳定性，主要与水分子之间的作用力有关。菊粉在形成凝胶时容易与水分子之间形成氢键等作用力，但低的酸性环境会引起降解效应，导致成胶能力和凝胶结构的稳定性变差，不利于提高菊粉凝胶的持水力。

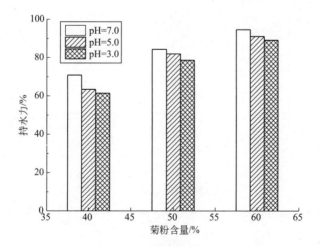

图 3-6 pH 值对菊粉凝胶持水力的影响

3.6.3 pH 值对凝胶质构特性的影响

测定 pH 值为 3.0、5.0 和 7.0，菊粉含量为 40%、50% 和 60% 的凝胶在第 1 天的质构特性，分析 pH 值对其质构特性的影响规律（表 3-8）。菊粉含量与 pH 值都对 40%~60% 的凝胶的硬度有影响。凝胶的硬度随着菊粉含量的增加而增加，这与表 3-6 所示一致。当凝胶的 pH 值分别为 7.0、5.0 和 3.0时，与 40% 的凝胶相比，60% 的凝胶的硬度分别增加了 0.325N、0.309N 和0.236N。由此可以看出，降低 pH 值将有助于降低菊粉凝胶的硬度。当 pH 值分别为 7.0 和 5.0 时，凝胶硬度的变化较小，但当 pH 值降低到 3.0 时，菊粉含量及 pH 值高低对硬度的影响就很显著（$P<0.01$，$P<0.01$），且变化趋势与硬度的变化趋势一致。凝胶强度随着菊粉含量的增加而增加，随着 pH 值的减小而显著降低。当 pH 值为 7.0 时，随着菊粉含量的增加，其增加的速度最快，pH 值为 3.0 时最低。pH 值由 7.0 降到 5.0 时，40%、50% 和 60% 的菊粉凝胶的强度有轻微的下降，分别为 0.77×10^3Pa、1.57×10^3Pa 和 4.03×10^3Pa；但当 pH 值为 3.0 时，它们的降低幅度分别达到 10.31×10^3Pa、10.83×10^3Pa 和 13.28×10^3Pa。

表 3-8 不同 pH 值下菊粉凝胶的质构特性（贮藏 1d）

项目	pH	菊粉含量/%		
		40	50	60
硬度/N	7.0	0.342	0.440	0.667
	5.0	0.338	0.409	0.647
	3.0	0.172	0.327	0.408
强度/10^3Pa	7.0	17.180	25.470	31.600
	5.0	16.411	23.902	27.566
	3.0	6.867	14.638	18.319
黏着性/N·s	7.0	1.400	3.784	4.555
	5.0	1.233	2.732	3.843
	3.0	1.325	2.444	2.934
黏附力/N	7.0	0.124	0.230	0.324
	5.0	0.170	0.220	0.320
	3.0	0.100	0.168	0.210
凝聚性	7.0	0.090	0.255	0.372
	5.0	0.230	0.304	0.259
	3.0	0.291	0.238	0.243
咀嚼性	7.0	0.026	0.127	0.252
	5.0	0.086	0.103	0.152
	3.0	0.031	0.089	0.100

凝胶的黏着性受着菊粉含量和 pH 值的影响。提高菊粉含量能有效地提高凝胶的黏性,当 pH 值分别为 7.0、5.0 和 3.0 时,40%～60% 的菊粉凝胶的黏着性分别提高 3.15、2.61 和 1.61。pH 值大小决定了随着菊粉含量增加时黏着性的增加程度,如表 3-8 所示,黏着性在 pH 值为 7.0 时增长率最高,而在 pH 值为 3.0 时增长率最低。在菊粉含量相同时,降低 pH 值有助于降低菊粉凝胶的黏性。与黏着性的变化一致,黏附力也随着菊粉含量的增加而增加,随着 pH 值的下降而降低。当菊粉含量相同、pH 为 7.0 和 5.0 时,凝胶的黏附力基本维持不变。但当 pH 为 3.0 时,黏附力随着 pH 值的减小而显著下降,这一点与黏着性一致。

凝胶的凝聚性在 pH 为 7.0 时随着菊粉含量的增加而增加,在酸性环境下,凝聚性具有较好的稳定性,其值在 0.26±0.03 范围内。凝胶的咀嚼性随着菊粉含量的增加而提高,与 40% 的凝胶相比,60% 的凝胶在 pH 值分别为 7.0、5.0 和 3.0 时,其咀嚼性分别增加了 0.226、0.066 和 0.069。酸度使中性菊粉凝胶和酸性凝胶区分开来,酸性凝胶的咀嚼性值相近且都低于中性凝胶值。

pH 值可导致菊粉凝胶的质构,包括硬度、强度及其他参数值的变化,造成其质构变化的原因可能是菊粉在酸性条件下发生了水解反应,其平均聚合度下降。这就直接导致菊粉在形成凝胶时其三维结构发生变化,没有以前稳固和致密。

3.6.4 pH 值对凝胶中水分状态的影响

凝胶中水分状态可以分为可冻结水 (FW) 及不可冻结水 (UFW)。采用

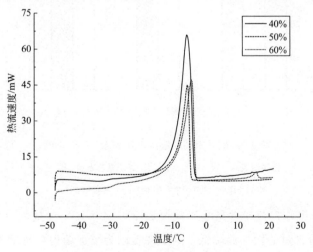

图 3-7　pH 7.0 时凝胶的热谱图

差示扫描量热仪（DSC）分析菊粉凝胶在不同酸度条件下其水分状态的变化，热谱分析图如图 3-7 和图 3-8 所示，酸度对凝胶水分状态变化的影响如图 3-9 所示。

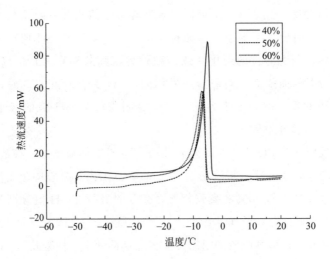

图 3-8　pH 3.0 时凝胶的热谱图

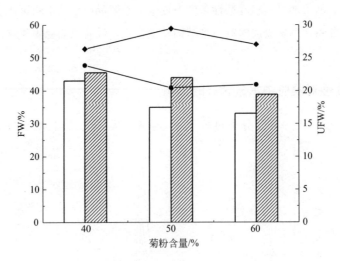

图 3-9　酸度对菊粉凝胶 FW 和 UFW 的影响

柱状图表示 FW（白色表示 pH=7，黑色表示 pH=3），

线状图表示 UFW（◆表示 pH=7，●表示 pH=3）

由图 3-9 可知，菊粉含量是影响凝胶 FW 及 UFW 含量的重要因素。FW 含量随着菊粉含量的增加而降低，这主要是因为增加菊粉含量增强了菊粉凝胶的三维结构，从而提供更多的亲水基团结合水分子。酸性条件也有助于提高

FW 含量，降低 UFW 含量。pH 为 7.0 和 3.0 时，40％和 60％凝胶的 FW 含量分别增加了 2.5％和 5.7％。酸性条件对水分状态的影响最终归咎于凝胶结构的改变。低 pH 值引起菊粉的聚合度和成胶能力的下降，水解行为最终降低了菊粉与水分子的结合成胶能力。

3.7 菊粉凝胶的酸热稳定性

40％～60％的菊粉凝胶在酸性条件下的热稳定性如图 3-10 所示。图中以凝胶中还原糖含量变化为测定指标，还原糖含量越高，说明凝胶的稳定性就越差。

从图 3-10 可以看出，当 pH 为 3.0 时，菊粉含量和反应时间都对凝胶的稳定性有显著的影响（$P < 0.01$，$P < 0.01$）。在 pH 为 3.0 时，还原糖含量随着反应时间的延长而增加，说明菊粉在该条件下处于酸降解过程。不同菊粉含量的凝胶在不同反应时间均具有不同的水解速度，如图 3-10 所示，40％的菊粉凝胶具有最高水解速度，而 60％的菊粉凝胶具有最低水解速度。分析40％～60％的菊粉凝胶，60％的凝胶的热稳定性最好，这可能是菊粉在酸性条件下水解时，FW 含量影响了其水解速度。如图 3-9 所示，40％菊粉凝胶的FW 含量高于 50％和 60％的菊粉凝胶。FW 含量较高时为菊粉水解提供较好的自由水和水溶性环境。

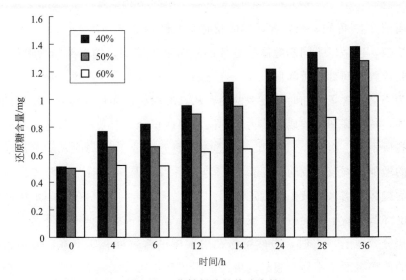

图 3-10　菊粉凝胶的热稳定性

3.8 乙醇对菊粉凝胶性质的影响

3.8.1 乙醇对菊粉成胶时间的影响

乙醇体积分数（10％～40％）对不同含量的天然菊粉（35％、45％和55％）凝胶成胶时间的影响见图 3-11，并与以水为溶剂的菊粉凝胶的成胶时间进行对比。

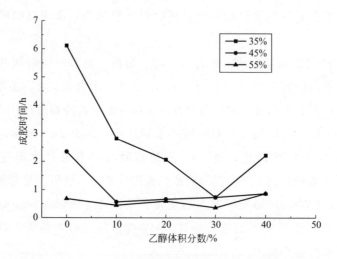

图 3-11　乙醇体积分数对成胶时间的影响

由图 3-11 可知，菊粉含量对成胶时间的影响显著（$P<0.01$）。无论是以水为溶剂，还是以不同乙醇体积分数的水溶液为溶剂，随着菊粉含量的增加，其凝胶成胶时间都有所降低。这一点与表 3-3 和表 3-5 所呈现的规律一致。这是因为当菊粉含量增加时，更多的菊粉从乙醇中析出而形成凝胶，所以菊粉含量增加，可提高菊粉的成胶能力。不同乙醇体积分数对菊粉凝胶成胶时间的影响也有所不同。由图 3-11 可知，当乙醇体积分数低于 30％时，随着乙醇体积分数的增加，凝胶成胶时间呈降低趋势；但当高于 30％时，凝胶成胶时间有增加的趋势。当水溶液中加入乙醇时（10％～30％），菊粉在乙醇水溶液中的溶解度降低，易于沉淀析出形成凝胶，所以菊粉的成胶时间有所下降；但当乙醇体积分数高于 30％时，虽然菊粉在溶剂中的溶解度有所下降，但作为极性较弱的乙醇溶剂，不易与菊粉的极性基团相互作用形成氢键，难以在菊粉网状结构中起到桥梁作用，不利于菊粉凝胶的形成，所以当乙醇体积分数进一步提

高时，将不利于菊粉凝胶的形成。

3.8.2　乙醇对菊粉凝胶持水性的影响

乙醇对凝胶持水性的影响与对菊粉凝胶成胶时间的影响有着相似的规律（见图 3-12）。在相同条件下制备的菊粉凝胶，提高菊粉含量有助于提高菊粉凝胶的持水性。由图 3-12 可知，无论是以水为溶剂还是以乙醇-水混合溶液为溶剂，凝胶的持水性都随着菊粉含量的提高呈增加的趋势，这一点与图 3-5 和图 3-6 所表现的规律一样。但以乙醇水溶液为溶剂制备的菊粉凝胶与以水为溶剂制备的凝胶相比，持水性表现不同的规律。由图 3-12 可知，当乙醇体积分数低于 30％时，增加乙醇含量可提高凝胶的持水性，当乙醇体积分数为 30％时，35％、45％和 55％的菊粉凝胶比用水溶液制备的凝胶的持水性分别提高了 28.59％、20.39％和 5.72％。但当乙醇体积分数高于 30％时，菊粉凝胶的持水性呈下降趋势，当乙醇体积分数为 40％时，35％、45％和 55％的菊粉凝胶的持水性与以 30％乙醇制备的凝胶相比，持水性分别降低了 17.53％、8.56％和 12.9％。这主要是因为一方面菊粉在乙醇溶液中的溶解度较低，易于形成凝胶，但另一方面乙醇又不利于凝胶的形成。当乙醇体积分数较低时，前者占主导影响因素；但当乙醇体积分数较高时，后者则占主导影响因素。

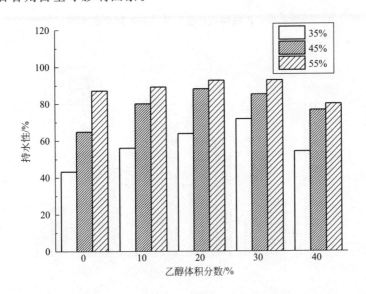

图 3-12　乙醇体积分数对凝胶持水性的影响

3.8.3 乙醇对凝胶质构的影响

3.8.3.1 乙醇对菊粉凝胶硬度和强度的影响

图 3-13 和图 3-14 分别为乙醇体积分数对菊粉凝胶硬度和强度的影响。由图可知，乙醇对凝胶硬度和强度的影响有着相似的规律。当乙醇体积分数低于 20％时，随着菊粉含量的增加，菊粉凝胶的硬度和强度均有增加的趋势。乙醇体积分数为 20％时，35％、45％ 和 55％的菊粉凝胶比用水溶液制备的凝胶的硬度分别提高了 0.15N、0.20N 和 0.20N，强度分别提高了 8.7×10^3 Pa、

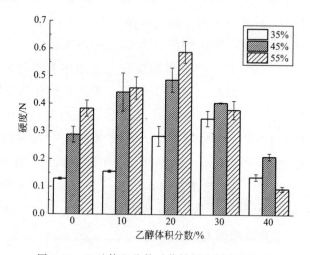

图 3-13　乙醇体积分数对菊粉凝胶硬度的影响

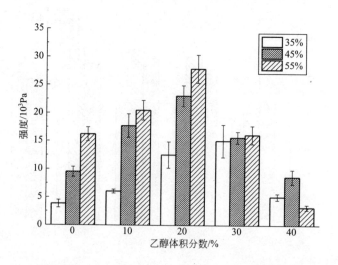

图 3-14　乙醇体积分数对菊粉凝胶强度的影响

13.5×10^3 Pa、11.6×10^3 Pa。但当乙醇体积分数高于 20% 时，随着菊粉含量的增加，菊粉凝胶的硬度和强度有下降的趋势（除 35% 的菊粉凝胶外），当乙醇浓度为 30% 时，35%、45% 及 55% 的菊粉凝胶的硬度、强度大小相近；而当乙醇体积分数为 40% 时，55% 的菊粉凝胶的硬度和强度均低于 45% 的菊粉凝胶。乙醇对菊粉凝胶硬度和强度的影响，主要是由于乙醇对凝胶结构的影响，乙醇水溶液在菊粉凝胶三维结构中处于桥梁作用，乙醇极性低于水且不易形成氢键，使凝胶的三维结构的坚固性降低，当乙醇含量较高时，凝胶的硬度及强度均有下降的趋势。

3.8.3.2　乙醇对菊粉凝胶黏性的影响

由图 3-15 和图 3-16 可知，乙醇对菊粉凝胶黏性的影响与制备时乙醇的体积分数有关。当乙醇体积分数低于 20% 时，与表 3-6 和表 3-8 所示一致，随着菊粉含量的增加，菊粉凝胶的黏附力和黏着性都随着增大。当乙醇体积分数为 20% 时，35%、45% 和 55% 的菊粉凝胶比用水溶液制备的凝胶的黏附力分别提高了 0.09N、0.05N 和 0.05N，黏着性分别提高了 0.73N·s、0.52N·s、0.51N·s。当乙醇体积分数高于 20% 时，在相同的乙醇体积分数下，随着菊粉含量的增加，菊粉凝胶的黏附力和黏着性均有下降的趋势。在相同的菊粉含量时，菊粉凝胶的黏附力和黏着性均以 20% 乙醇体积分数为临界点，低于 20% 乙醇体积分数时，随着乙醇体积分数的增加有增加的趋势，但当大于 20% 乙醇体积分数时，黏附力和黏着性均呈下降趋势。

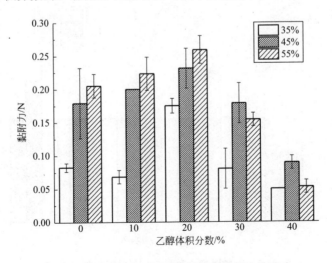

图 3-15　乙醇体积分数对菊粉凝胶黏附力的影响

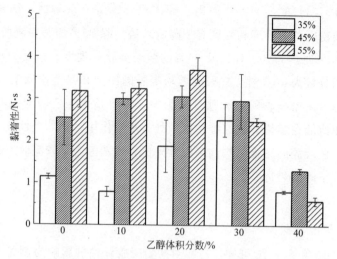

图 3-16　乙醇体积分数对菊粉凝胶黏着性的影响

3.8.3.3　乙醇对菊粉凝胶凝聚性的影响

乙醇体积分数对菊粉凝胶凝聚性的影响如图 3-17 所示。当以水为制备溶剂时，凝胶的凝聚性随着菊粉含量的增加而增大，当加入乙醇的体积分数低于 30％时，菊粉凝胶的凝聚性均高于以水为溶剂制备的凝胶；但乙醇体积分数高于 30％时，随着菊粉含量的升高，菊粉凝胶的凝聚性呈下降的趋势。对于菊粉含量为 35％的凝胶来说，加入不同体积分数的乙醇时，菊粉凝胶的凝聚性总体处于增长的趋势；但对于 45％的菊粉凝胶，加入乙醇有助于提高菊粉凝

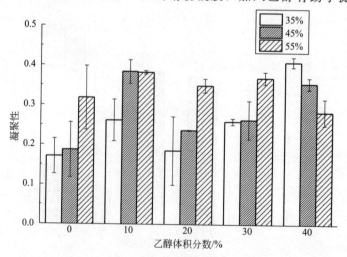

图 3-17　乙醇体积分数对菊粉凝胶凝聚性的影响

胶的凝聚性，增加的量与乙醇体积分数有关，不同的乙醇体积分数有不同的增加量；55％的菊粉凝胶与45％的凝胶一样，均比以水为溶剂制备的凝胶的凝聚性高（除40％乙醇体积分数外），在10％~30％的乙醇体积分数范围内，凝胶的凝聚性较稳定，基本处于同一水平，但在40％乙醇体积分数时，其凝聚性又略有下降。

3.8.3.4　乙醇对菊粉凝胶咀嚼性的影响

乙醇体积分数对菊粉凝胶咀嚼性的影响如图 3-18 所示。与以水为溶剂制备的凝胶相比，在不同乙醇体积分数下（除40％乙醇体积分数外）制备的凝胶的咀嚼性随着菊粉含量的增加均有所增加。35％菊粉含量的凝胶的咀嚼性随着乙醇体积分数的增加而增大，当乙醇体积分数为30％时，35％菊粉含量的凝胶达到最高咀嚼性；45％菊粉含量的凝胶的咀嚼性在乙醇体积分数为10％时达到最大值，随着乙醇体积分数的进一步增加，其值迅速下降，但在20％~40％乙醇体积分数范围内变化很小；55％菊粉含量的凝胶的咀嚼性在乙醇体积分数为10％时达到最大值，并随着乙醇体积分数的增加而降低。

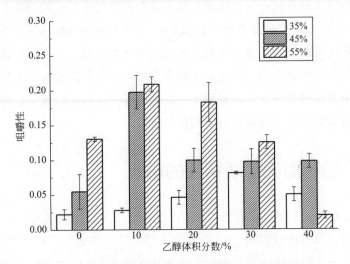

图 3-18　乙醇体积分数对菊粉凝胶咀嚼性的影响

菊粉对面团流变学性质的影响

面团的品质，如吸水性、流变特性和发酵特性等，很大程度上取决于其蛋白质、淀粉和水分的含量与种类以及它们之间的相互作用。一方面，菊粉的加入会引起面团中蛋白质和淀粉的相对含量降低，从而影响面团的热机械学特性、流变学特性和内部微观结构；另一方面，菊粉具有良好的亲水性，特别是短链菊粉的吸湿性更强，它们同蛋白质和淀粉存在与水分子间的竞争，引起蛋白质-水、淀粉-水之间的键合作用以及蛋白质-淀粉间相互作用的改变，一部分菊粉分子甚至可能还参与或影响面筋蛋白网络结构的形成，从而对产品的感官品质和贮藏品质产生影响。因此，不同聚合度和添加量的菊粉对不同品质面团性质的影响存在明显差异。本章将主要从菊粉对面团粉质特性、拉伸特性和发酵特性的影响等三个方面进行分析和探讨。

4.1 菊粉对面团粉质特性的影响

表 4-1 和表 4-2 分别显示了三种不同聚合度和取代比例的菊粉对低筋面团和高筋面团粉质特性的影响。

随着三种菊粉取代比例的增加，两种筋度面团的吸水率不断下降。当短链菊粉、天然菊粉和长链菊粉的取代比例增加至 10.0% 时，相对于空白组，低筋面团的吸水率分别下降了 24.68%、21.66% 和 7.51%，高筋面团的吸水率分别下降了 15.39%、9.14% 和 4.02%。显然菊粉对低筋面团吸水率的影响明显高于对高筋面团的，并且菊粉的平均聚合度越低，面团吸水率的下降程度越大。有研究认为，菊粉引起面团吸水率下降主要归因于菊粉分子的高度亲水性，其

表 4-1　菊粉对低筋面粉面团粉质特性的影响

菊粉类型	取代比例/%	吸水率/%	形成时间/min	稳定时间/min	弱化度/FU	粉质指数/mm
空白	0	57.95±0.21[a]	1.26±0.06[c]	4.34±0.27[g]	104.50±4.95[a]	31.50±2.12[fg]
短链	2.5	53.30±0.28[ef]	1.09±0.01[c]	7.27±0.33[f]	85.5±3.53[c]	38.50±2.12[f]
	5.0	49.80±0.00[g]	1.09±0.08[c]	10.38±0.81[d]	53.00±4.24[e]	52.50±0.70[e]
	7.5	45.85±0.21[i]	0.94±0.09[c]	17.39±0.23[c]	31.50±0.70[g]	117.00±4.24[c]
	10.0	43.65±0.07[k]	14.28±0.53[a]	19.98±0.28[b]	29.00±1.41[g]	201.00±2.83[b]
天然	2.5	53.00±0.14[f]	1.10±0.28[c]	6.34±1.08[f]	90.50±3.53[bc]	32.50±7.78[fg]
	5.0	49.35±0.07[h]	1.14±0.33[c]	10.93±0.53[d]	50.50±0.71[e]	50.50±6.36[e]
	7.5	45.55±0.21[ij]	7.67±9.62[a]	24.95±0.66[a]	41.00±2.83[f]	213.00±7.07[a]
	10.0	45.40±0.28[j]	12.38±0.53[b]	16.48±0.64[c]	35.00±1.41[fg]	198.50±2.12[b]
长链	2.5	56.40±0.00[b]	1.15±0.25[c]	2.53±0.27[h]	107.00±5.65[a]	21.00±3.53[h]
	5.0	55.10±0.14[c]	0.94±0.09[c]	2.69±0.33[h]	95.00±2.82[b]	23.50±2.12[gh]
	7.5	54.15±0.07[d]	0.95±0.03[c]	6.63±0.28[f]	77.00±0.00[d]	21.50±0.71[h]
	10.0	53.60±0.14[e]	1.02±0.07[c]	8.44±0.26[e]	52.00±4.24[e]	85.00±5.66[d]

注：同一列中不同字母表示水平间差异显著（$P<0.05$）。

表 4-2　菊粉对高筋面粉面团粉质特性的影响

菊粉类型	取代比例/%	吸水率/%	形成时间/min	稳定时间/min	弱化度/FU	粉质指数/mm
空白	0	66.60±0.14[a]	12.14±0.09[fg]	14.20±0.11[d]	75.50±12.02[bc]	152.00±0.00[h]
短链	2.5	62.35±0.07[d]	13.58±0.02[d]	15.59±0.05[d]	24.50±2.12[de]	166.50±0.71[fg]
	5.0	59.60±0.14[f]	14.40±0.31[c]	16.58±1.09[e]	24.50±3.54[e]	189.50±4.95[ef]
	7.5	57.55±0.07[g]	24.57±0.51[a]	25.99±1.22[a]	35.00±1.41[d]	345.50±0.71[b]
	10.0	56.35±0.21[h]	23.17±0.14[b]	18.11±0.22[c]	41.00±1.41[b]	313.50±4.95[d]
天然	2.5	61.80±0.14[e]	12.92±0.57[e]	15.49±0.59[d]	16.00±1.41[e]	167.50±3.54[e]
	5.0	59.60±0.14[f]	14.99±0.12[c]	22.58±0.32[b]	19.00±5.66[e]	195.50±2.12[e]
	7.5	57.50±0.14[g]	24.61±0.13[a]	25.43±0.22[a]	30.00±1.41[de]	364.50±2.12[a]
	10.0	57.20±0.28[g]	23.17±0.14[b]	18.51±1.29[c]	36.50±3.53[d]	321.5±7.78[c]
长链	2.5	65.35±0.35[b]	12.54±0.08[ef]	14.51±0.17[d]	66.50±9.19[cd]	158.00±2.83[h]
	5.0	64.25±0.21[c]	12.73±0.04[ef]	8.56±0.23[f]	79.00±11.31[bc]	159.50±2.12[gh]
	7.5	64.05±0.35[c]	12.21±0.37[fg]	7.84±0.13[f]	88.50±0.71[b]	159.50±2.12[gh]
	10.0	63.85±0.21[c]	11.88±0.15[g]	7.20±0.24[f]	109.50±4.95[a]	152.00±0.00[h]

注：同一列中不同字母表示水平间差异显著（$P<0.05$）。

吸湿性比淀粉强，菊粉分子吸水后在淀粉颗粒周围形成一层障碍，阻碍了淀粉与水分子的接触，抑制了其吸水溶胀，引起面团吸水率的下降，且随着菊粉取代比例的增加，这种抑制作用越来越明显。利用显微电镜观察不同添加量的菊粉对意大利面条内部结构的影响时发现，随着菊粉添加量的增加，菊粉分子吸水形成的障碍层使淀粉颗粒紧密堆积的结构被破坏。X射线和拉曼光谱的分析表明，菊粉的添加引起了淀粉结晶度的改变，使淀粉结构的有序度降低。有研究也发现，只有添加菊粉的面团会引起吸水率的下降，而碳纤维和豌豆纤维的添加都使面团的吸水率显著增加，这三种纤维的差别主要是不溶性膳食纤维的组成不同，碳纤维主要由木质素和多酚组成，豌豆纤维的主要成分是纤维素，而菊粉是寡糖和多聚果糖的混合物。另外，面团吸水率与面筋蛋白含量呈显著正相关，而菊粉的取代降低了面粉中蛋白质的相对含量，也会使面团的吸水率降低。相关研究表明，面团的吸水率主要受醇溶蛋白的影响，而低筋面团中醇溶蛋白含量高于高筋面团，所以菊粉的取代对低筋面团吸水率的影响高于对高筋面团的。长链菊粉对面团吸水率的影响不如短链菊粉和天然菊粉的明显，这可能归因于长链菊粉的平均聚合度高，暴露在外的羟基较少，通过氢键与水发生缔合的作用较弱，吸湿性明显低于短链菊粉和天然菊粉，其性质可能更类似于小麦淀粉，因此，长链菊粉的取代对面团吸水率的影响相对较小。

由表4-1可以看出，与空白相比，随着三种菊粉取代比例的增加，低筋面团的弱化度呈显著下降趋势，而稳定时间和粉质指数则呈显著上升趋势。这是因为菊粉的添加增强了氢键缔合和水合作用，强化了面筋网络的机械性能，提高了面团的耐搅拌能力。三种菊粉对面团的形成时间影响不显著，只有当短链菊粉或天然菊粉的取代比例较高时（分别为≥10.0％、≥7.5％），才显著增加了面团的形成时间。这可能归因于当菊粉的取代量较少时，由于此时菊粉能完全或绝大部分溶于水，不会对面筋网络的形成造成明显影响；随着菊粉取代比例的增加，不能溶于水中的过量菊粉会与蛋白质或淀粉争夺水分子，由于短链菊粉和天然菊粉中均含有一定量的单糖和寡糖，它们的吸湿性很强，会优先与水分子结合，形成很强的障碍层，包裹了部分蛋白质或淀粉分子，阻碍它们与水分子接触，延缓了水合作用时间，因而延长了面团的形成时间。

由表4-2可以看出，三种菊粉对高筋面团粉质特性的影响规律明显不同于对低筋面团的影响。随着短链菊粉和天然菊粉取代比例的增加，高筋面团的形成时间、稳定时间和粉质指数均呈先升高后下降的趋势，在取代比例为7.5％时均达到最大值。与空白相比，添加短链菊粉的分别增加了102.4％、83.0％和127.3％，添加天然菊粉的分别增加了102.7％、79.1％和139.8％；而高筋面团的弱化度则随短链菊粉和天然菊粉取代比例的增加，呈先下降后升高的趋势，但在取代比例不超过10.0％的范围内，其值均低于空白值，说明菊粉的添加也能增强高筋面团耐机械搅拌的能力。长链菊粉对面团性质的影响明显弱于短链菊粉和天然菊粉。在一定的取代比例范围内（≤10.0%），长链菊粉对面团的形成时间、弱化度和粉质指数的影响不显著，面团的稳定时间则随着长链菊粉取代比例的增加而下降，说明长链菊粉的添加降低了面团的筋力和韧性。研究表明，面团中麦谷蛋白的含量决定了面团的形成时间和稳定时间，麦谷蛋白含量越高，面团的形成时间和稳定时间越长。由于低筋面团中麦谷蛋白的含量低于高筋面团，菊粉的取代对低筋面团粉质特性的影响明显大于对高筋面团。

当三种菊粉的取代比例达 12.5% 时，粉质曲线显示出两个峰，这明显不同于较低添加量的（只有一个峰）。这可能是因为当菊粉的取代比例较高时，大量的菊粉吸水形成黏性很强的障碍层，严重阻碍了蛋白质和淀粉分子的水合作用。推测粉质曲线的第一个峰为部分菊粉、部分淀粉和蛋白质水合后形成的峰，在这一阶段形成了部分面筋网络；第二个峰为菊粉和淀粉完全吸水溶胀后形成的峰，在这一阶段形成的面筋网络被破坏，形成的面团只具黏性而无弹性（见图 4-1）。

图 4-1　菊粉取代比例为 12.5% 时面团的形态

表 4-3 显示了不同聚合度和添加量的菊粉对中筋粉面团的粉质特性的影响。短链菊粉和天然菊粉的取代降低了面团的吸水率，且添加量越多吸水率越小。当添加量达 10.0% 时，短链菊粉和天然菊粉分别使面团的吸水率降低了 14.02% 和 12.97%。这是由于短链菊粉和天然菊粉在淀粉颗粒周围形成一层障碍，阻碍了水分子与淀粉颗粒的接触，抑制了淀粉吸水，导致面团的吸水率下降，且随着菊粉添加量的增多，这种抑制作用越明显。长链菊粉的添加量低于 7.5% 时，面团的吸水率无显著变化，但当其添加量高于 7.5% 时，面团的

吸水率则显著高于空白，且随着菊粉取代比例的增大而增大；当添加量为
10.0％时，相对于空白增加了 5.45％。长链菊粉与短链菊粉和天然菊粉的这
种差异可能是由于葡萄糖和果糖含量的不同所致。长链菊粉的平均聚合度较
高，葡萄糖和果糖含量较少，与淀粉和面筋的相互作用需要一定的时间，在面
团达到最大稠度时并不能改变面筋的水合作用，同时，菊粉的添加导致了面筋
的相对含量降低，而面团的吸水率与面筋含量呈显著的负相关，因此，当长链
菊粉的添加量达到 10.0％时，面团的吸水率显著升高。此外，菊粉的溶解性
也会影响面团的吸水率。

表 4-3　菊粉对中筋粉面团粉质特性的影响

菊粉类型	取代比例/％	吸水率/％	形成时间/min	稳定时间/min	弱化度/FU	粉质指数/mm
空白	0	61.43 ± 3.02^b	3.18 ± 0.13^i	4.55 ± 0.09^f	101.54 ± 5.03^a	61.00 ± 4.03^f
短链	2.5	59.29 ± 2.83^c	3.45 ± 0.12^h	5.78 ± 0.21^e	89.34 ± 4.34^b	63.45 ± 3.02^f
	5.0	56.76 ± 2.61^d	3.8 ± 0.15^{ef}	7.47 ± 0.23^{cd}	81.76 ± 3.56^c	77.23 ± 5.23^d
	7.5	54.25 ± 1.87^e	3.98 ± 0.09^e	10.87 ± 0.27^b	66.45 ± 3.32^d	102.35 ± 6.39^b
	10.0	52.82 ± 3.02^f	6.97 ± 0.21^a	15.43 ± 0.31^a	39.73 ± 2.10^e	147.53 ± 9.34^a
天然	2.5	59.52 ± 2.92^c	3.8 ± 0.14^{ef}	6.00 ± 0.16^e	82.25 ± 4.76^c	68.24 ± 3.02^{de}
	5.0	56.01 ± 2.63^d	3.73 ± 0.13^f	6.72 ± 0.13^d	79.47 ± 4.78^c	71.42 ± 2.83^d
	7.5	54.45 ± 1.03^e	4.75 ± 0.17^b	8.68 ± 0.23^c	75.58 ± 4.76^{cd}	88.46 ± 3.63^c
	10.0	53.46 ± 2.02^f	4.42 ± 0.18^c	10.8 ± 0.24^b	69.27 ± 6.03^d	94.57 ± 5.72^{bc}
长链	2.5	60.98 ± 2.23^b	3.63 ± 0.12^f	5.35 ± 0.06^{ef}	85.68 ± 6.34^b	61.57 ± 3.28^f
	5.0	61.72 ± 1.82^b	3.98 ± 0.19^e	5.78 ± 0.12^e	79.86 ± 7.34^c	68.35 ± 2.43^{de}
	7.5	62.81 ± 2.32^{ab}	4.05 ± 0.21^e	6.18 ± 0.21^e	77.46 ± 4.39^{cd}	73.32 ± 4.02^d
	10.0	64.78 ± 2.93^a	4.23 ± 0.09^d	5.60 ± 0.12^{ef}	75.32 ± 5.47^{cd}	73.25 ± 4.56^d

注：同一列中不同字母表示水平间差异显著（$P<0.05$）。

三种菊粉的加入均增加了面团的形成时间、稳定时间和粉质指数，说明不
同聚合度的菊粉均能使面团的筋力增强，使其对剪切力或降解有较强的抵抗能
力。当添加量高于 7.5％时，聚合度越低的菊粉对面团的形成时间、稳定时间
和粉质指数的影响越显著。例如，短链菊粉的添加量为 10.0％时，面团的形
成时间、稳定时间和粉质指数分别为 6.97min、15.43min 和 147.53mm，分
别较空白增加了 119.18％、239.12％和 141.85％；当长链菊粉的添加量为
10.0％时，面团的形成时间、稳定时间和粉质指数分别为 4.23min、5.60min
和 73.25mm，分别较空白增加了 33.02％、23.08％和 20.08％。Peressini 等
提出了菊粉-菊粉相互作用，平均聚合度越高的菊粉间的相互作用越强，这就

削弱了菊粉与面筋间的相互作用，因此，对面团的形成时间和稳定时间的影响越小。此外，Peressini 等还发现，只有当菊粉的添加高于一定量（长链菊粉≥5.0%，短链菊粉≥7.5%）时才能够减小高筋面团的损失角正切值（tanδ），增加贮藏模量值（G'），增大面团的强度，延长面团的形成时间和稳定时间，说明菊粉对筋度越低的面团的改善效果越好。有研究表明，不同膳食纤维对面团的形成时间和稳定时间的影响取决于面团中面筋蛋白的含量，而低筋粉中的麦醇溶蛋白含量显著高于高筋粉，醇溶蛋白含量越高，面团的形成时间和稳定时间越短，随着麦谷蛋白含量的增多，面团的形成时间和稳定时间变长，而菊粉对筋度越低的面团的改善作用越明显，因此，推测菊粉对麦醇溶蛋白的影响高于对谷蛋白的影响。

弱化度、稳定性和粉质指数三者之间各自存在良好的相关性。添加三种菊粉后中筋粉面团的弱化度均减小，说明三种不同聚合度的菊粉均有增强面筋强度的作用，从而在一定程度上增强了面团的耐搅拌能力，提高了面团的粉质特性。

4.2 菊粉对面团拉伸特性的影响

面团的延伸度表征面团的延展特性和可塑性，延伸性好的面团易拉长而不易断裂，它与面团成型、发酵过程中气泡的长大以及烘烤炉内面包体积的增大等有关。由表 4-4 和表 4-5 可知，随着菊粉取代比例的增大，低筋面团和高筋面团的延伸度均呈逐渐下降趋势，菊粉对低筋面团的影响更明显，这可能归因于菊粉对不同筋度面团吸水率的影响不同。表 4-1 和表 4-2 显示，菊粉的取代引起低筋面团吸水率的下降程度显著高于高筋面团，在相同菊粉取代比的条件下，低筋面团的吸水率相对空白组下降更明显，而面团的延伸度除了取决于醇溶蛋白含量外，其吸水率的大小也是其重要的影响因素。在一定条件下，面团的吸水率大，其延伸度好。

面团的拉伸阻力与发酵过程中的持气性有关，只有当面团具有一定的抗延伸性时，才能保持住 CO_2 气体，如果面团的拉伸阻力太低，则面团中的 CO_2 气体易冲出气泡的泡壁形成大的气泡或由面团的表面逸出；但若面团的拉伸阻力过大时，会导致面团不易起发，面包的烘焙体积小，结构紧实。因此，拉伸阻力过大或过小都会影响面团及产品的品质。由表 4-4 可知，添加菊粉的低筋面团，其拉伸阻力随着取代比例的增加而增大。当低筋面团中添加短链菊粉和天然菊粉时，其拉伸阻力随着醒发时间的延长而增加；但添加长链菊粉时，其

表 4-4　菊粉对低筋粉面团拉伸特性的影响

菊粉	取代比例/%	延伸度/mm			拉伸阻力/BU			拉伸能量/cm²			拉伸比		
		45min	90min	135min	45min	90min	135min	45min	90min	135min	45min	90min	135min
空白	0	131	128	120	258	280	299	55	54	56	2.0	2.2	2.5
短链	2.5	111	113	105	376	419	472	64	71	79	3.4	3.7	4.5
	5.0	108	102	101	427	628	713	79	92	101	4.0	6.2	7.1
	7.5	106	95	97	635	894	932	99	119	125	6.0	9.4	9.6
	10.0	95	88	74	798	1108	1186	111	131	121	8.4	12.6	16.0
天然	2.5	117	118	110	426	478	646	76	86	93	3.6	4.1	5.9
	5.0	112	115	108	512	651	768	86	99	101	4.6	5.7	7.1
	7.5	108	93	95	703	854	1064	102	110	113	6.5	9.2	11.2
	10.0	104	96	88	694	1003	1182	111	130	135	6.7	10.4	13.4
长链	2.5	117	113	114	276	346	336	56	59	57	2.4	3.1	2.9
	5.0	114	109	113	342	428	426	59	68	69	3.0	3.9	3.8
	7.5	105	94	97	378	460	436	60	61	60	3.6	4.9	4.5
	10.0	97	91	86	456	505	469	68	65	56	4.7	5.5	5.5

表 4-5　菊粉对高筋粉面团拉伸特性的影响

菊粉	取代比例/%	延伸度/mm			拉伸阻力/BU			拉伸能量/cm²			拉伸比		
		45min	90min	135min	45min	90min	135min	45min	90min	135min	45min	90min	135min
空白	0	109	88	80	728	896	719	103	84	69	2.4	3.2	3.7
短链	2.5	109	93	80	704	984	730	100	83	64	3.4	4.5	5.9
	5.0	99	97	77	638	854	688	71	79	76	4.3	6.5	9.3
	7.5	102	78	75	430	658	596	55	68	63	6.2	11.5	12.4
	10.0	97	84	79	328	594	581	43	61	59	8.2	13.2	16.3
天然	2.5	108	88	91	672	932	806	97	93	83	3.9	5.4	7.1
	5.0	110	91	93	560	810	783	77	84	79	4.7	7.2	8.3
	7.5	98	81	86	532	802	731	68	79	81	7.4	10.5	12.4
	10.0	89	79	74	412	646	602	49	62	61	7.7	12.7	16.0
长链	2.5	109	104	78	523	836	816	91	84	76	2.5	3.3	4.3
	5.0	110	95	90	565	969	946	85	100	94	3.1	4.5	4.7
	7.5	107	98	71	643	1080	957	95	116	108	3.5	4.7	6.1
	10.0	106	84	71	681	1106	992	100	91	80	4.3	6.0	6.6

拉伸阻力随着醒发时间的延长先增加后降低。相对于空白组，三种菊粉的添加均使低筋面团的拉伸阻力增加。这可能归因于：一方面菊粉的添加降低了面团的吸水率，导致面团变硬，其抗拉伸性增强，而聚合度低的短链菊粉和天然菊粉对面团吸水率的影响更明显；另一方面，菊粉的添加会影响面筋蛋白的二级

结构，导致面团的黏弹性增加。长链菊粉的添加使醇溶蛋白、谷蛋白和面筋蛋白中的 β-转角显著减少，β-折叠显著增加。光谱、黏度和小角度 X 射线分析表明，麦谷蛋白中间区域重复序列通过 β-转角形成松弛 β-折叠结构，从而赋予面团弹性。

由表 4-5 可知，三种菊粉的添加总体上使高筋粉面团的拉伸阻力下降，但随着菊粉取代比例的不同，它们的影响有所差异。随着短链菊粉和天然菊粉取代比例的增加，面团的拉伸阻力呈下降趋势；而随着长链菊粉取代比例的增加，面团的拉伸阻力呈上升趋势。这是因为：一方面，菊粉的添加会引起高筋面团吸水率下降而导致其拉伸阻力增大，但由于高筋面团的吸水率高，其吸水率的下降程度明显小于低筋面团的，因此，引起高筋面团拉伸阻力增大的程度要小；另一方面，在高筋面团中其谷蛋白的含量远高于低筋面团，而谷蛋白决定了面团的弹性和筋度，影响面团的拉伸阻力，菊粉的取代显著降低了高筋面团中谷蛋白的含量，导致其拉伸阻力的下降程度要大于由于面团吸水率下降引起拉伸阻力增大的程度，因此，菊粉对面团拉伸阻力的影响总体表现为下降。长链菊粉对高筋面团拉伸阻力的影响与短链菊粉和天然菊粉的不同，这可能归因于不同聚合度菊粉与面筋蛋白之间的作用不同。有研究认为，在面团中低聚合度的菊粉（短链菊粉和天然菊粉）主要作为稀释物，不会引起面团蛋白质结构的明显变化。但对于高聚合度的长链菊粉，其疏水性明显强于短链菊粉和天然菊粉的，与谷蛋白的相互作用强，较低的添加量即可引起面团结构的明显变化。

拉伸能量，即拉伸曲线所包围的面积，是面团拉伸过程中阻力与长度的乘积，它代表了面团从开始拉伸到拉断为止所需的总能量。曲线面积越大即拉伸时所需的能量越大，面粉的筋力越强，其烘焙品质越好。由表 4-4 可知，菊粉的添加使低筋面团的拉伸能量明显增大，且随取代比例的增加而增大，与短链菊粉和天然菊粉的影响相比，长链菊粉的影响相对较小。这与菊粉对高筋面团的影响刚好相反，这表明菊粉的添加有利于提高低筋面团的品质而对高筋面团的品质不利。

拉伸比表示面团拉伸阻力与延伸度的关系，是衡量面团拉伸阻力和延伸性之间的平衡关系的一个重要指标。生产不同产品的面团，其拉伸比都有合适的范围，当拉伸比过大时，面团过硬，其延伸性小而脆性大；当拉伸比过小时，会导致面团太软，黏性较大而难以成型。由表 4-4 和表 4-5 可以看出，菊粉的添加均增大了低筋面团和高筋面团的拉伸比，且随着菊粉取代比和醒发时间的增加，其拉伸比也逐渐增大。对于低筋面团需要提高其拉伸比，而对于高筋面团，拉伸比太大反而不利，这与菊粉对面团拉伸能量的影响结果相一致。

面团的延伸度表征其延展特性和可塑性。由表4-6可知，空白组面团的延伸度随着醒发时间的延长逐渐增大，当添加量为2.5%时，添加短链菊粉的面团的延伸度随着醒发时间的延长而增加；当添加量大于5.0%时，添加短链菊粉的面团的延伸度随着时间的延长而降低。而添加长链菊粉的面团的延伸度随着时间的延长无显著变化。当醒发时间相同时，添加短链菊粉和天然菊粉的面团的延伸度均在添加量为5.0%时达到最大值，而添加长链菊粉的面团其延伸度随着添加量的增加呈下降趋势。当添加量为5.0%、醒发时间分别为45min和90min时，短链菊粉使面团的延伸度分别增加了49.30%、15.76%，天然菊粉使其分别增加了38.19%、18.06%，而长链菊粉则仅使其分别增加了2.78%、5.81%。当醒发时间为135min时，三种菊粉的添加量高于5.0%时均显著降低了面团的延伸度；当添加量为10.0%时，短链菊粉、天然菊粉和长链菊粉使面团的延伸度分别降低了8.38%、19.76%和14.97%。因此，适合的菊粉添加量能够提高面团的延展性和可塑性，短链菊粉和天然菊粉在添加量5.0%、长链菊粉在添加量为2.5%时对面团延伸度的改善效果最好。有研究也表明，长链菊粉的添加量在3%～4%时，面团的延伸性最好，随着菊粉添加量的增加，面团的延伸度下降。一方面，这是因为低聚合度的菊粉主要作为一种稀释物质

表 4-6 菊粉对中筋粉面团延伸度的影响

菊粉	添加量/%	延伸度/mm		
		45min	90min	135min
空白	0	144±7.02^d	155±8.53^c	167±14.72^b
短链	2.5	149±6.90^d	170±10.32^b	178±3.98^{ab}
	5.0	215±7.09^a	184±8.64^a	183±8.92^a
	7.5	189±7.18^{ab}	173±6.93^{ab}	158±7.92^c
	10.0	192±10.34^{ab}	164±8.72^{bc}	153±9.02^{cd}
天然	2.5	172±8.82^c	172±5.25^b	176±5.82^{ab}
	5.0	199±9.34^b	183±8.81^a	177±5.82^{ab}
	7.5	122±3.76^e	144±4.01^c	159±8.28^c
	10.0	132±7.82^e	136±9.82^c	134±3.13^e
长链	2.5	173±11.34^c	177±5.92^{ab}	176±7.82^{ab}
	5.0	148±7.98^d	164±6.28^{bc}	165±6.26^b
	7.5	139±9.92^e	131±10.19^e	144±6.72^d
	10.0	132±4.82^f	140±6.48^d	142±5.98^d

注：同一列中不同字母表示水平间差异显著（$P<0.05$）。

或在淀粉颗粒周围形成一层障碍，延缓了淀粉与水的相互作用，间接地促进了面筋蛋白的水合作用，从而改善了面团的延伸性。但随着醒发时间的延长，水分迁移并重新均匀分布，削弱了面筋网络的相互作用，引起了面团延伸度的下降。另一方面，适量的菊粉与面筋相互作用时，菊粉的聚合度越低，这种相互作用越大，面团的延展性和可塑性越好，而当添加量高于一定值时，降低了面团中醇溶蛋白的相对含量，从而降低了面团的延伸度。

由表 4-7 可知，对于添加菊粉的面团而言，拉伸阻力随着醒发时间的延长而增加（除添加 2.5％的长链菊粉外）。醒发时间相同时，拉伸阻力均大于空白（除添加 2.5％和 5.0％的长链菊粉外）。醒发时间为 45min、90min、135min 时，添加菊粉的面团的拉伸阻力均随着添加量的增加而增加，且基本都高于空白面团的拉伸阻力，水平间差异显著。有研究表明，1.0％～5.0％的菊粉添加量并不能影响高筋面团的拉伸阻力，说明菊粉对筋度较低的面团的拉伸阻力影响较大。有研究认为，面团的拉伸阻力与麦谷蛋白关系密切，而麦谷蛋白主要影响面团的弹性，从而利用拉伸阻力可以大致预测面包的烘焙品质。此外，拉伸阻力与面团的持气性有关，拉伸阻力过大时，导致面团不易起发，面包的烘焙体积小，结构紧实。因此，菊粉的加入有利于面团保持发酵过程产生的 CO_2，赋予面团良好的结构和纹理，增强面团的弹性，有利于生产出高品质的产品。

拉伸比例是拉伸阻力与延伸度的比值，用来评价面团拉伸阻力和延伸度之间的平衡关系。由表 4-8 可知，短链菊粉和天然菊粉的添加量一定时，醒发时间越长，面团的拉伸比越大。当醒发时间一定时，面团的拉伸比随着菊粉添加量的增加而增大，且水平间差异显著。而添加长链菊粉的面团的拉伸比随着菊粉添加量的增加而增大，但随着醒发时间的延长无显著变化。

结合表 4-7 和表 4-8 可知，当菊粉添加量大于 7.5％和醒发时间超过 90min 时，面团的拉伸阻力和拉伸比都显著升高。例如，当天然菊粉的添加量为 7.5％时，面团的拉伸阻力在醒发 45min、90min 和 135min 后分别比空白增加了 67.17％、68.52％和 81.25％；而当菊粉的添加量增加至 10.0％时，面团的拉伸阻力分别比空白增加了 77.78％、163.89％和 141.25％。当天然菊粉的添加量为 7.5％时，面团的拉伸比在醒发 45min、90min 和 135min 后分别比空白增加了 31.91％、28.08％和 102.82％；而当天然菊粉的添加量增加至 10.0％时，面团的拉伸比分别比空白增加了 188.65％、178.77 和 144.63％。面团的拉伸阻力和拉伸比在合适的范围才能得到品质好的面制品，当拉伸阻力和拉伸

表 4-7　菊粉对中筋粉面团拉伸阻力的影响

菊粉	添加量/%	拉伸阻力/BU		
		45min	90min	135min
空白	0	198±9.72[f]	216±8.56[i]	240±3.78[i]
短链	2.5	214±10.82[f]	262±8.48[f]	276±8.96[h]
	5.0	240±7.93[e]	332±9.48[e]	362±14.96[f]
	7.5	328±11.89[b]	441±4.95[c]	512±13.86[c]
	10.0	346±7.62[a]	536±11.68[b]	598±13.25[a]
天然	2.5	213±8.63[e]	265±5.89[f]	289±6.93[h]
	5.0	322±9.92[b]	354±12.78[d]	392±10.02[e]
	7.5	331±8.36[b]	364±4.94[d]	435±8.64[d]
	10.0	352±10.01[a]	570±12.06[a]	579±11.85[b]
长链	2.5	278±7.82[d]	225±8.47[h]	208±7.46[i]
	5.0	218±4.74[f]	224±2.85[h]	234±8.34[i]
	7.5	194±5.67[g]	242±8.56[g]	248±8.69[i]
	10.0	288±5.83[c]	260±3.94[f]	305±7.79[g]

注：同一列中不同字母表示水平间差异显著（$P<0.05$）。

表 4-8　菊粉对中筋粉面团拉伸比的影响

菊粉	添加量/%	拉伸比		
		45min	90min	135min
空白	0	1.41±0.03[f]	1.46±0.03[h]	1.77±0.06[f]
短链	2.5	1.44±0.09[f]	1.46⊥0.03[h]	1.68±0.10[g]
	5.0	1.62±0.04[e]	1.97±0.03[d]	2.08±0.09[c]
	7.5	1.77±0.04[d]	2.57±0.16[c]	3.23±0.31[b]
	10.0	1.85±0.06[c]	3.37±0.12[b]	3.98±0.27[a]
天然	2.5	1.21±0.04[h]	1.53±0.10[g]	1.94±0.06[e]
	5.0	1.34±0.03[g]	1.76±0.06[f]	2.47±0.07[d]
	7.5	1.86±0.10[c]	1.87±0.05[e]	3.59±0.23[b]
	10.0	4.07±0.85[a]	4.07±0.31[a]	4.33±0.25[a]
长链	2.5	1.32±0.07[g]	1.42±0.12[h]	1.41±0.03[h]
	5.0	1.46±0.05[f]	1.48±0.11[h]	1.58±0.06[g]
	7.5	1.58±0.03[e]	1.60±0.08[g]	1.65±0.04[g]
	10.0	2.48±0.18[b]	1.92±0.12[d]	1.89±0.03[e]

注：同一列中不同字母表示水平间差异显著（$P<0.05$）。

比过大时，面团变硬，延伸性小而脆性大；而两者过小时，会导致面团太软，黏性较大而难以成型。不同筋度的面团的拉伸阻力和拉伸比也不同，中筋面团

的拉伸阻力一般为 200～400，拉伸比一般在 1～3；高筋面团的拉伸阻力一般
为 600～700，拉伸比一般为 3～5。因此，从面制品的加工方面考虑，短链菊
粉和天然菊粉的添加量建议在 5.0%～7.5%，长链菊粉的添加量不宜超
过 5.0%。

拉伸能量是拉伸曲线的面积，亦表征面团的强度。由表 4-9 可知，面团的
拉伸能量随着醒发时间的延长而增加，且随着短链菊粉或天然菊粉添加量的增
加而增大，而长链菊粉添加量对拉伸能量影响不显著，平均聚合度越低的菊粉
对面团拉伸能量的影响越大。醒发时间分别为 45min、90min 和 135min 时，
添加了 10.0%短链菊粉的面团的拉伸能量相对空白组分别增加了 191.49%、
156.67%和 63.00%。对于短链菊粉和天然菊粉而言，添加量越高，面团的拉
伸能量越大，说明这两种菊粉的添加能够增强面团的强度。在醒发初期，长链
菊粉对面团的拉伸能量也有显著的提高作用，这与前面粉质试验结果相一致；
但随着醒发时间的延长，添加长链菊粉的面团的拉伸能量反而低于空白组，且
当醒发时间一定时，菊粉添加量对拉伸能量无显著影响。由此可见，短链菊粉
和天然菊粉对发酵面团的强度的改善作用要好于长链菊粉。

表 4-9　菊粉对中筋面团拉伸能量的影响

菊粉	添加量/%	拉伸能量/cm²		
		45min	90min	135min
空白	0	47±2.12[f]	60±4.23[f]	100±5.63[e]
短链	2.5	53±1.43[e]	76±2.21[e]	89±4.24[f]
	5.0	91±8.32[c]	113±6.46[c]	121±4.25[c]
	7.5	125±3.13[b]	141±2.57[b]	142±5.69[b]
	10.0	137±2.45[a]	154±4.68[a]	163±8.57[a]
天然	2.5	63±3.13[d]	76±7.25[e]	93±6.74[ef]
	5.0	67±9.34[d]	93±6.34[d]	110±9.37[d]
	7.5	93±2.42[c]	96±6.24[d]	99±4.95[e]
	10.0	132±7.36[a]	144±7.23[b]	126±7.47[c]
长链	2.5	52±4.23[e]	60±1.23[f]	57±3.52[g]
	5.0	53±8.96[e]	61±4.42[f]	60±3.64[g]
	7.5	54±4.22[e]	60±1.75[f]	61±2.64[g]
	10.0	56±4.23[e]	57±3.26[f]	60±1.85[g]

注：同一列中不同字母表示水平间差异显著（$P < 0.05$）。

总体来看，菊粉的添加能够显著增强面团的弹性和耐变形性，改善面团的
拉伸特性。平均聚合度越低的菊粉对面团的改善越明显，这主要是由于菊粉-
菊粉和菊粉-面筋间的相互作用，菊粉的添加有助于面筋网络结构的形成并增

加其稳定性，从而提高了面团的加工特性。

4.3 菊粉对面团发酵流变学的影响

菊粉对低筋粉面团总产气量、面团的最大膨胀高度、气体释放曲线最大高度、出现空洞的时间和气体保留系数的影响见表4-10。

表 4-10　菊粉对低筋粉面团发酵特性的影响

菊粉种类	菊粉取代比/%	总产气量(V_T)/mL	最大膨胀高度(H_m)/mm	气体释放曲线最大高度($H_{m'}$)/mm	出现空洞的时间(T_x)/min	保留系数(R_0)/%
空白	0	1594	47.7	67.6	57.0	74.2
短链	2.5	1744	54.7	77.4	60.0	72.1
	5.0	1936	60.2	90.5	43.5	69.0
	7.5	1946	49.7	90.7	39.0	65.3
	10.0	1941	31.9	86.9	42.0	68.2
天然	2.5	1677	53.4	74.6	60.8	73.8
	5.0	1785	58.9	81.6	57.0	72.1
	7.5	1671	47.2	75.3	63.0	75.3
	10.0	1775	32.9	77.4	40.5	70.6
长链	2.5	1529	47.8	65.6	49.5	77.6
	5.0	1590	39.9	65.7	48.5	75.9
	7.5	1592	30.2	65.6	46.5	71.9
	10.0	1598	22.1	65.5	40.5	74.1

V_T 和 H_m 在一定程度上反映了酵母发酵过程中的产气特性。由表4-10和表4-11可知，菊粉的添加使低筋面团和高筋面团的总产气量 V_T 和气体释放曲线最大高度 $H_{m'}$ 均显著增加（除了长链菊粉对低筋面团的影响外），而聚合度较低的菊粉（如短链菊粉和天然菊粉）的影响更加明显。这主要归因于聚合度较低的菊粉中含有一定量的单糖和低聚糖，它们可以作为糖源被酵母发酵所利用。

表 4-11　菊粉对高筋粉面团发酵特性的影响

菊粉种类	菊粉取代比/%	总产气量(V_T)/mL	最大膨胀高度(H_m)/mm	气体释放曲线最大高度($H_{m'}$)/mm	出现空洞的时间(T_x)/min	保留系数(R_0)/%
空白	0	1880	57	45.6	126.0	72.7
短链	2.5	2201	56.1	57.2	57.0	64.6
	5.0	2212	40.9	55.6	58.5	65.5
	7.5	2285	31.2	56.8	54.0	67.4
	10.0	2498	17.4	55.1	40.5	85.8

菊粉种类	菊粉取代比/%	总产气量(V_T)/mL	最大膨胀高度(H_m)/mm	气体释放曲线最大高度($H_{m'}$)/mm	出现空洞的时间(T_x)/min	保留系数(R_0)/%
天然	2.5	2253	49.0	58.6	51.0	65.4
	5.0	2223	41.6	57.2	52.5	61.8
	7.5	2122	32.6	51.2	60.0	64.0
	10.0	2697	16.1	56.5	54.0	97.5
长链	2.5	2140	54.0	53.9	79.5	67.1
	5.0	2172	44.4	52.9	75.0	66.8
	7.5	2127	35.8	50.7	64.5	67.2
	10.0	2120	30.0	50.1	54.0	67.0

面团的最大膨胀高度 H_m 取决于酵母的产气能力和面筋的持气能力，它与面包、馒头等发酵制品的体积有关。对于低筋面团，随着短链菊粉和天然菊粉取代比例的增加，H_m 值先增加后降低；而随着长链菊粉的增加，H_m 值呈下降趋势。当短链菊粉或天然菊粉的取代比例为 5.0%，H_m 值均达到最大，分别较空白增加了 26.2% 和 23.5%。这是因为添加适量的低聚合度菊粉会增加酵母的发酵活性和产气能力，同时，增大了面团的拉伸阻力。对于低筋面团来说，拉伸阻力的增大意味着筋力的增强，有助于提高面筋的持气能力。但当菊粉的取代比例过大时（＞5.0%），一方面会造成面筋蛋白含量过低，严重削弱了其网络结构，降低了面团的持气能力；另一方面会引起面团的拉伸阻力显著增大，而面团的拉伸阻力过大则会阻碍气体在面筋网络中的扩散，导致面团起发难，发酵产品体积小。对于高筋面团，随着三种菊粉取代比例的增加，H_m 值均呈下降趋势。一般认为面团高度的减少归结于三个方面：①产气量减少；②面团韧性过大阻止扩展；③阻碍面筋网络形成使持气量减少。菊粉导致高筋面团 H_m 值减小的主要原因可能是菊粉的加入稀释了面筋蛋白的含量，使得面团的面筋网络结构变差，并降低了面团的拉伸阻力，使面团中的 CO_2 气体易冲出气泡壁形成大的气泡或者由面团的表面逸出，这也可从菊粉的添加导致高筋面团出现空洞时间 T_x 大幅提前得以侧面证实。

保留系数 R_0 值表示发酵面团中含有的气体量与面团总产气量的比值。菊粉的添加导致低筋面团和高筋面团的 R_0 值略有下降（除长链菊粉对低筋面团的影响外），除了短链菊粉和天然菊粉的取代比例较高时（10.0%）引起高筋面团 R_0 值显著上升外。但相对菊粉引起面团总产气量的上升率，R_0 值的下降率明显要低。以 R_0 值下降程度最大的菊粉面团为例，当低筋面团中短链菊粉的取代比为 7.5% 时，相对空白组，面团的总产气量升高了 22.1%，而保留系数只下降了 12.0%；当高筋面团中天然菊粉的取代比为 5.0%时，相对空白组，面团的总产气量升高了 18.2%，而保留系数只下降了 15.0%。因此，实际上面团的持气能力是增强的。这可能主要归因于菊粉的添加增加了面团的总产气量，提高了低筋面团的拉伸阻力和降低了面团的弱化度。天然菊粉能显著增加面团的抗延伸阻力，而抗延伸阻力与面团发酵过程中的持气性密切相关，面团具有一定的抗延性时才能保持住二氧化碳气体；同时，面团弱化度的降低表明面筋的强度增强，其网络结构不易被破坏，能够耐受更大的来自于面团内部气体产生的气压。

菊粉对面粉中主要组分性质的影响

菊粉与面粉主要组分间的相互作用在食品的生产应用方面具有重要的作用。例如，在面制品的制作过程中，加入菊粉后可以影响面团及其制品中水分的分布和迁移、面筋网络结构的形成和致密性、淀粉的糊化和老化等，从而对面制品的感官品质、内部质构和货架期等产生重要的影响。菊粉对面团品质的影响效果，不但取决于菊粉与面团中各主要组分之间的相互作用，即菊粉-水、菊粉-蛋白质、菊粉-淀粉之间的作用力，还取决于菊粉对原面团中蛋白质-淀粉-水三者之间相互作用的影响；另外，菊粉的聚合度、添加量和面粉的等级都是需要考虑的因素。

面筋的网络结构是决定面团品质最重要的因素，而网络结构的形成与蛋白质同其他成分的相互作用密切相关。菊粉可以通过共价键、静电作用力、氢键、范德华力、疏水作用、离子键、容积排阻作用或分子缠绕等作用方式，与面筋蛋白间形成可溶性或不溶性复合物，这种菊粉-蛋白质复合物能通过改变凝胶特性、表界面性质、溶解性和稳定性而影响面筋的网络结构。

相关研究表明，在大多数情况下，多糖和亲水胶体等与淀粉混合后，淀粉的糊化和老化过程中的各项指标都会发生变化。由于菊粉和淀粉都属于大分子多糖类物质，性质比较相近。因此，菊粉的添加能对小麦淀粉的玻璃化转变温度、体系糊化后渗漏直链淀粉量、相互作用力、糊化特性、回生特性和流变特性等指标产生一定程度的影响。

水分的变化对面团的形成和产品的质量均能产生明显的影响。由于菊粉的吸湿性非常强，添加菊粉会对面团制作过程中（和面、发酵和醒发）不同流动性水分（自由水、弱结合水和紧密结合水）的变化迁移产生明显的影响，从而影响到面团的吸水和持水能力，引起蛋白质-水、淀粉-水的键合作用的变化。

5.1 菊粉对小麦蛋白质性质的影响

小麦中的蛋白质可分为面筋蛋白和非面筋蛋白，其中，面筋蛋白包括醇溶蛋白和谷蛋白，醇溶蛋白不溶于水和中性盐溶液，而溶于70%的乙醇溶液；谷蛋白不溶于水、稀盐溶液和乙醇溶液，但能溶于稀酸稀碱溶液。非面筋蛋白包括球蛋白和清蛋白，清蛋白占小麦蛋白质总量的3%~5%，能溶于水和稀盐溶液；球蛋白占小麦蛋白质总量的6%~10%，溶于10%的氯化钠溶液。

小麦面筋蛋白，又称谷朊粉，是以面粉为原料经过深加工提取的一种天然植物蛋白，也是小麦淀粉加工的副产物，其蛋白质含量高达80%~90%，由多种氨基酸组成，是营养丰富的植物蛋白资源。面筋蛋白具有较强的吸水性、薄膜成型性、黏弹延伸性、吸脂乳化性、黏附热凝固性，并具有谷物的物理特性，能够满足食品多种功能的需要，为开发新的食品领域提供了富有营养、经济性强、品质好的基础原料。谷朊粉也是一种优良的面粉改良剂，广泛应用于方便面、面条和面包的生产中，也可作为肉制品的保水剂和高档饲料的基础原料。此外，在国内，谷朊粉还是一种高效的面粉增筋剂，用于面包专用粉、高筋粉生产的同时，还能增加食品中的植物蛋白的含量。

醇溶蛋白是一大类具有类似特性的蛋白质，平均分子量为40000，一般分为α-醇溶蛋白、β-醇溶蛋白、γ-醇溶蛋白和ω-醇溶蛋白四种。由于其非极性氨基酸的含量较多，因此，在水合时胶黏性较大，主要赋予面筋黏性。

谷蛋白是一类不同组分的蛋白质，分子量一般为40000~300000，分为高分子量谷蛋白（HMW）和低分子量谷蛋白（LMW），多由极性氨基酸组成，容易发生聚集作用，具有弹性但无黏性，肽链间的二硫键和极性氨基酸是决定面团强度的主要因素，因此，谷蛋白赋予面团以弹性。

蛋白质的功能特性和营养价值已在食品工业中引起了广泛的兴趣，面筋蛋白中的醇溶蛋白和谷蛋白均可用作食品的品质改良剂。研究表明，谷蛋白能够增加湿面条的黏附性、黏合性、咀嚼性、厚度和剪切特性，降低干物质的吸水率。

5.1.1　菊粉对蛋白质乳化特性的影响

蛋白质乳化能力的大小与它降低油-水界面表面张力的能力大小密切相关。乳化性是指蛋白质能与油水结合,三种菊粉(短链菊粉、天然菊粉和长链菊粉)对小麦蛋白质的乳化活性和乳化稳定性的影响分别如图 5-1 和图 5-2 所示。

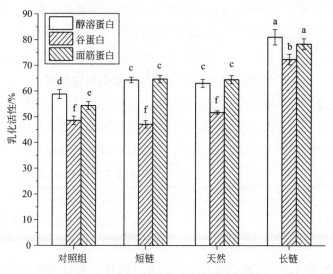

图 5-1　菊粉对蛋白质的乳化活性的影响

字母 a、b、c、d、e、f 表示各组间差异显著性 ($P < 0.05$)

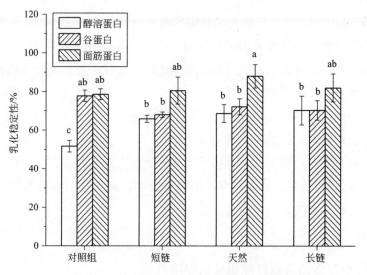

图 5-2　菊粉对蛋白质的乳化稳定性的影响

字母 a、b、c 表示各组间差异显著性 ($P < 0.05$)

由图 5-1 中可以看出，醇溶蛋白的乳化活性高于面筋蛋白和谷蛋白，这是因为醇溶蛋白的溶解性大于谷蛋白和面筋蛋白。整体上，不同聚合度（DP）的菊粉的添加均增加了醇溶蛋白、谷蛋白以及面筋蛋白的乳化活性，且不同聚合度的菊粉的添加使醇溶蛋白的乳化活性增加最明显。其中，短链菊粉、天然菊粉和长链菊粉分别使醇溶蛋白的乳化活性增加了 9.32％、7.12％ 和 37.79％。研究表明，面团体系中蛋白质的乳化活性越高，面团的立体网络构型越稳定，可以提高烘焙产品的柔软度及可口性。这可能归因于菊粉具有较强的吸水性和持水性，它的加入影响了蛋白质内部水分的变化，破坏了蛋白质的氢键、范德华力等非共价键作用，蛋白质分子变得相对松散，表面积增大，侧链亲水性基团与水的相互作用进一步加强，溶解度增加，从而使蛋白质的乳化性增强。此外，还可以看出，在三种不同聚合度的菊粉中，长链菊粉对三种蛋白质的乳化活性影响最显著，分别使醇溶蛋白、谷蛋白和面筋蛋白的乳化活性增加了 37.79％、48.96％和 44.12％。这是由于菊粉的 pH 值和表面疏水性不同引起的。一般，蛋白质在等电点时其溶解度和乳化活性最小。据报道，醇溶蛋白和谷蛋白的等电点分别为 5.5 和 4.6，短链菊粉、天然菊粉和长链菊粉溶液的 pH 分别为 5.47、5.99 和 6.77，因此，含有长链菊粉的蛋白质溶液的 pH 值越远离等电点，溶液的乳化活性越好。此外，蛋白质的乳化特性与蛋白质的表面疏水性呈弱的正相关性。因此，长链菊粉对蛋白质乳化活性的改善效果最好。

由图 5-2 可知，谷蛋白的乳化稳定性高于醇溶蛋白。这可能是因为谷蛋白分子中的亲油性基团包裹着亲水性基团，因此，乳化性差而乳化稳定性较好。三种菊粉的加入均降低了谷蛋白的乳化稳定性，短链菊粉、天然菊粉和长链菊粉分别使谷蛋白的乳化稳定性降低了 12.57％、7.23％和 9.6％，但增加了醇溶蛋白和面筋蛋白的乳化稳定性，尤其是对醇溶蛋白的乳化稳定性影响最大。三种菊粉分别使醇溶蛋白的乳化稳定性增加了 27.44％、32.94％和 36.03％，说明菊粉对小麦蛋白质的乳化性质的影响主要是由麦醇溶蛋白决定的。超高压对麦醇溶蛋白/麦谷蛋白功能性质的研究也表明，超高压对谷朊粉乳化性质的影响主要是由麦醇溶蛋白决定的。

5.1.2 菊粉对蛋白质氨基酸组成的影响

氨基酸是蛋白质的基本组成成分，对研究蛋白质的功能起着重要的作用。

菊粉的加入对面团体系中的醇溶蛋白、谷蛋白和面筋蛋白中氨基酸组成的影响如表 5-1、表 5-2 和表 5-3 所示。

表 5-1　菊粉对醇溶蛋白氨基酸含量的影响

氨基酸种类	醇溶蛋白/%	短链菊粉-醇溶蛋白/%	天然菊粉-醇溶蛋白/%	长链菊粉-醇溶蛋白/%
苏氨酸	1.96	1.92	1.90	1.90
缬氨酸	8.51	8.51	8.61	8.65
异亮氨酸	3.87	3.86	3.88	3.90
亮氨酸	1.97	2.00	1.98	1.98
苯丙氨酸	7.97	8.09	7.97	8.09
甲硫氨酸	1.45	1.60	1.90	2.00
赖氨酸	1.14	0.97	1.13	1.05
组氨酸	5.85	5.99	5.71	5.25
天冬氨酸	2.98	2.97	2.76	2.74
甘氨酸	1.83	1.84	1.88	1.86
谷氨酸	42.84	42.68	42.87	43.09
丙氨酸	1.86	1.84	1.86	1.87
酪氨酸	12.58	12.67	12.62	12.73
丝氨酸	4.62	4.52	4.40	4.43
精氨酸	3.16	3.22	3.08	3.14
半胱氨酸	0.52	0.50	0.50	0.60
必需氨基酸	26.87	26.96	27.41	27.53
半必需氨基酸	13.10	13.21	13.15	13.30
总必需氨基酸	39.97	40.17	40.56	40.83
非必需氨基酸	60.03	59.83	59.44	59.17
鲜味氨基酸	55.36	55.32	55.08	54.81
含硫氨基酸	2.59	2.57	3.03	3.05

表 5-2　菊粉对谷蛋白氨基酸含量的影响

氨基酸种类	谷蛋白/%	短链菊粉-谷蛋白/%	天然菊粉-谷蛋白/%	长链菊粉-谷蛋白/%
苏氨酸	2.78	2.80	2.73	2.70
缬氨酸	9.15	9.17	9.07	8.98
异亮氨酸	2.93	3.05	2.93	2.98
亮氨酸	2.63	2.75	2.63	2.67
苯丙氨酸	6.09	6.06	6.14	6.11
甲硫氨酸	2.10	2.30	2.00	2.40
赖氨酸	3.06	2.97	2.92	2.96
组氨酸	5.28	4.94	5.50	5.15
天冬氨酸	4.11	4.06	4.14	3.98
甘氨酸	11.48	11.10	12.26	12.50
谷氨酸	30.38	30.38	29.61	29.58
丙氨酸	2.78	2.78	2.70	2.69
酪氨酸	11.54	11.81	11.58	11.69

续表

氨基酸种类	谷蛋白/%	短链菊粉- 谷蛋白/%	天然菊粉- 谷蛋白/%	长链菊粉- 谷蛋白/%
丝氨酸	5.06	5.22	5.12	4.98
精氨酸	6.25	5.77	5.65	5.65
半胱氨酸	0.50	0.60	0.60	0.70
必需氨基酸	28.75	29.09	28.40	28.79
半必需氨基酸	12.08	12.42	12.20	12.36
总必需氨基酸	40.83	41.51	40.61	41.15
非必需氨基酸	59.17	58.49	59.39	58.85
鲜味氨基酸	54.04	53.26	54.21	53.90
含硫氨基酸	5.16	5.27	4.92	5.36

表 5-3　菊粉对面筋蛋白氨基酸含量的影响

氨基酸种类	面筋蛋白/%	短链菊粉- 面筋蛋白/%	天然菊粉- 面筋蛋白/%	长链菊粉- 面筋蛋白/%
苏氨酸	2.35	2.31	2.28	2.25
缬氨酸	8.73	9.00	9.81	8.74
异亮氨酸	3.55	3.44	3.49	3.49
亮氨酸	2.40	2.37	2.34	2.38
苯丙氨酸	7.18	7.09	7.15	7.33
甲硫氨酸	1.70	1.70	2.10	2.20
赖氨酸	1.88	1.81	1.80	1.85
组氨酸	5.53	5.56	5.44	5.84
天冬氨酸	3.62	3.52	3.36	3.40
甘氨酸	5.04	5.35	5.51	6.08
谷氨酸	37.23	37.49	36.47	36.14
丙氨酸	2.88	2.81	2.77	2.76
酪氨酸	12.56	12.22	12.27	12.32
丝氨酸	4.85	4.78	4.65	4.64
精氨酸	4.44	3.81	3.96	3.55
半胱氨酸	0.50	0.60	0.60	0.70
必需氨基酸	27.79	28.71	28.94	28.23
半必需氨基酸	13.05	12.79	12.84	13.01
总必需氨基酸	40.85	41.50	41.79	41.23
非必需氨基酸	59.15	58.50	58.21	58.77
鲜味氨基酸	54.30	54.73	53.55	54.21
含硫氨基酸	3.58	3.51	3.9	4.05

　　表 5-1 为面团中醇溶蛋白的氨基酸组成及含量。由于在酸水解过程中色氨酸遭到破坏，因此，醇溶蛋白通过酸水解后得到 16 种氨基酸。由表 5-1 可以看出，醇溶蛋白中谷氨酸含量最高，为 42.84%，其次为酪氨酸和缬氨酸，分

别为 12.58％和 8.51％。短链菊粉、天然菊粉和长链菊粉的加入均增加了面团中醇溶蛋白的总必需氨基酸含量，降低了非必需氨基酸的含量。其中，长链菊粉对醇溶蛋白的总必需氨基酸含量和非必需氨基酸含量的影响最大，使总必需氨基酸的含量增加了 2.15％，使非必需氨基酸的含量降低了 1.43％。组氨酸、天冬氨酸、甘氨酸、谷氨酸和丙氨酸统称为鲜味氨基酸，甲硫氨酸和赖氨酸为含硫氨基酸，三种菊粉的加入均增加了含硫氨基酸的含量，而导致鲜味氨基酸含量的轻微下降，且菊粉的聚合度越高，对其影响越大。采用酸水解法会造成蛋白质中含硫氨基酸部分氧化，但菊粉的加入增加了醇溶蛋白中的含硫氨基酸，说明菊粉的加入能够阻碍含硫氨基酸的氧化。

由表 5-2 可知，谷蛋白中谷氨酸的含量最高，为 30.38％，其次为酪氨酸、甘氨酸和缬氨酸，分别为 11.54％、11.48％和 9.15％。但三种不同聚合度的菊粉对谷蛋白的必需氨基酸、非必需氨基酸和鲜味氨基酸含量的影响并不显著，短链菊粉和长链菊粉的添加增加了含硫氨基酸的含量。

由表 5-3 可知，面筋蛋白中谷氨酸的含量最高，为 37.23％，其次分别为酪氨酸和缬氨酸，分别为 12.56％和 8.73％。短链菊粉、天然菊粉和长链菊粉的加入均增加了面团中面筋蛋白的总必需氨基酸含量，降低了非必需氨基酸的含量。三种菊粉的加入对面筋蛋白的鲜味氨基酸含量的影响不显著，长链菊粉和天然菊粉增加了含硫氨基酸的含量，且菊粉的聚合度越高，对其影响越大，证实了菊粉对含硫氨基酸具有抗氧化作用。

总体来说，添加菊粉后，醇溶蛋白、谷蛋白和面筋蛋白中的缬氨酸、异亮氨酸、亮氨酸、丙氨酸等疏水性氨基酸的含量变化不显著。目前关于糖类与蛋白质分子的相互作用机理还存在很大争议，一种是玻璃态假说，即在一定条件下，糖类在蛋白质周围形成玻璃态，从而保护蛋白质分子不受外界环境影响；另外一种就是水替代假说，即糖类能够替代蛋白质周围的水分子与蛋白质之间形成大量氢键，保护蛋白质的功能和结构。因此，推测由于缬氨酸、异亮氨酸、亮氨酸和丙氨酸为疏水氨基酸，其氨基酸侧链与水分子的接触数远小于与糖链的接触数，菊粉作为一种保护剂使疏水性氨基酸不受外界环境影响。

5.1.3　菊粉对面团体系中二硫键含量的影响

二硫键的分子性质决定了其在蛋白质的食品功能性质中的重要作用。麦谷蛋白分子的亚基能够通过分子间二硫键作用形成有序的纤维状大分子聚合体，从宏观方面，该过程表现为弹性的形成。聚合体的体积越大，分子间就越难发生相对滑移，因此，弹性也越大。麦醇溶蛋白在疏水键、氢键和肽链内二硫键的作用下形成圆球状，通过非共价键作用与麦谷蛋白分子相结合，穿插于蛋白质网络骨架中。麦醇溶蛋白的插入削弱了麦谷蛋白相邻亚基间的相互作用，表现为宏观上面团的滑移和黏性的形成。面筋蛋白中的二硫键断开，就像分解高分子聚合物一样，面筋的弹性会急剧下降。在不同条件下，面筋蛋白中的巯基有可能会被氧化成二硫键，形成具有不同性质和分子大小的蛋白质。有研究表明，在面包的制作过程中，面筋蛋白的二硫键可在氧化/还原作用下重新排列和组合。

菊粉对面团体系中巯基和二硫键含量的影响如表 5-4 所示。由表 5-4 中的数据可知，谷蛋白的二硫键含量明显高于面筋蛋白和醇溶蛋白，这是由于麦谷蛋白为大分子量的复合体，包含 HMW 和 LMW 亚基，含有大量的分子间二硫键。根据酸性条件下电泳迁移率不同，醇溶蛋白可被分为 α-醇溶蛋白、β-醇溶蛋白、γ-醇溶蛋白和 ω-醇溶蛋白四种类型，其中 ω-醇溶蛋白的结构比较特殊，以一个肽段为主要重复区域（PGGPPPGG），该段不含半胱氨酸残基，因此不能形成二硫键。因为醇溶蛋白的肽链上只存在 3～4 个分子内二硫键，醇溶蛋白分子间主要通过疏水作用和氢键相互作用，形成面筋黏性，但对面团的强度无直接影响。麦醇溶蛋白的插入削弱了相邻麦谷蛋白亚基间的作用，因此，面筋蛋白的二硫键含量低于谷蛋白。

表 5-4 菊粉对面团体系中巯基和二硫键含量的影响

样品	巯基	总巯基	二硫键
醇溶蛋白	2.53 ± 0.09^a	25.37 ± 1.02^a	11.42 ± 1.34^a
短链菊粉-醇溶蛋白	2.58 ± 0.05^a	24.99 ± 0.94^a	11.21 ± 1.27^a
天然菊粉-醇溶蛋白	2.43 ± 0.14^a	25.49 ± 1.51^a	11.53 ± 1.03^a
长链菊粉-醇溶蛋白	3.54 ± 0.16^b	25.16 ± 1.04^a	10.81 ± 1.04^{ab}
谷蛋白	2.70 ± 0.10^a	55.12 ± 2.12^a	26.21 ± 1.52^a
短链菊粉-谷蛋白	2.49 ± 0.12^a	50.21 ± 2.16^b	23.86 ± 1.38^b
天然菊粉-谷蛋白	2.58 ± 0.08^a	40.90 ± 1.37^c	19.16 ± 1.28^c
长链菊粉-谷蛋白	3.24 ± 0.24^b	41.50 ± 1.94^c	19.13 ± 1.34^c
面筋蛋白	2.80 ± 0.15^a	49.92 ± 1.24^a	23.56 ± 1.25^a
短链菊粉-面筋蛋白	2.73 ± 0.19^a	45.59 ± 2.12^{ab}	21.43 ± 1.24^b
天然菊粉-面筋蛋白	2.63 ± 0.24^a	40.45 ± 1.68^{ab}	18.91 ± 1.82^c
长链菊粉-面筋蛋白	3.49 ± 0.23^b	40.21 ± 0.99^c	18.36 ± 1.29^c

注：同一列中不同字母表示水平间差异显著（$P<0.05$）。

由表 5-4 可知，短链菊粉、天然菊粉和长链菊粉的添加对醇溶蛋白的巯基和二硫键的含量无显著影响，但对谷蛋白和面筋蛋白的影响较为显著。短链菊粉、天然菊粉和长链菊粉的添加分别使谷蛋白的二硫键降低了 8.97％、26.90％和 27.01％，分别使面筋蛋白的二硫键降低了 9.04％、19.74％和 22.07％。可见，聚合度越高的菊粉对三种蛋白质的二硫键和巯基的影响越大。研究表明，首先，菊粉的添加降低了样品中蛋白质的相对含量，因此，降低了样品中二硫键的含量。其次，菊粉的添加也会阻碍自由巯基形成二硫键，造成蛋白质分子间的相互作用减弱，对面团的强度产生不利影响。此外，三种蛋白质的结构不同。麦醇溶蛋白的二硫键均分布在分子内部，与外部环境有一定的隔离，而麦谷蛋白分子外部也有裸露的二硫键，这些二硫键易受到外部环境的影响而发生断裂，故麦谷蛋白的变化程度要大于麦醇溶蛋白。在面筋的形成过程中，醇溶蛋白与麦谷蛋白相互作用，醇溶蛋白进入麦谷蛋白之中，麦谷蛋白起着拉动和包裹的作用。因此，麦谷蛋白在面筋蛋白的外侧，而醇溶蛋白则相对在内侧，由于麦谷蛋白紧邻外部环境，所以二硫键受到菊粉的影响也比较大。

5.1.4 菊粉对面团体系中氢键的影响

中红外光谱是测定分子间氢键最重要的方法之一，若—OH 的特征吸收峰（3700～3200cm^{-1}）向低波数移动，说明氢键增强；反之，若—OH 的特征吸收峰向高波数移动，则说明氢键减弱。

由图 5-3 可以看出，当醇溶蛋白与天然菊粉和长链菊粉结合后，羟基的特征吸收峰向低波数移动并且振动强度增强，说明有氢键形成；而添加短链菊粉后，醇溶蛋白的羟基特征吸收峰向高波数移动。由图 5-4 和图 5-5 可知，谷蛋白和面筋蛋白与三种菊粉结合后，羟基的伸缩振动峰均向低波数移动，表明菊粉与谷蛋白和面筋蛋白分子间均有氢键形成。此外，醇溶蛋白、谷蛋白、面筋蛋白和三种菊粉结合后，羰基的特征吸收峰（1900～1650cm^{-1}）都向低波数移动且振动强度减弱。这可能是由于蛋白质与菊粉分子发生了分子识别，分子识别是两个或以上的分子之间通过非共价键结合相互作用。在溶液中，除了疏水性、氢键、范德华力、金属耦合等直接相互作用之外，水可以起到重要的介导作用。该过程体现了良好的分子互补性。分子识别是通过两个分子的结合部位来实现的，主要需要两个条件：一是两个分子的结合部位的结构是互补的；二是要求两个分子的结合部位有对应的基团，相互之间产生足够大的作用力，才能使两个分子结合在一起。由此推测，可能是菊粉分子的羟基和蛋白质分子的羰基结合。

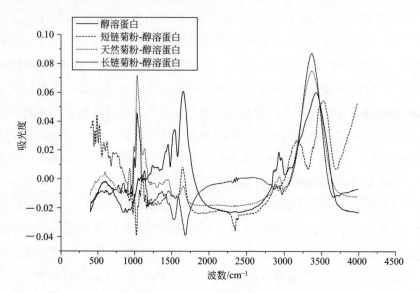

图 5-3　醇溶蛋白及菊粉-醇溶蛋白红外光谱图

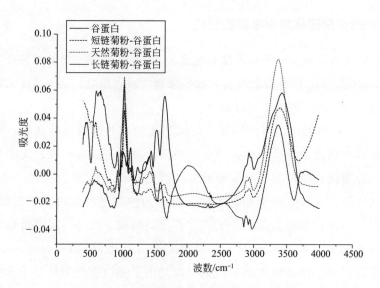

图 5-4　谷蛋白及菊粉-谷蛋白红外光谱图

5.1.5　菊粉对面团体系中蛋白质二级结构的影响

蛋白酰胺Ⅲ带中的各子峰的结构面积百分比见表 5-5。由表 5-5 可知，麦

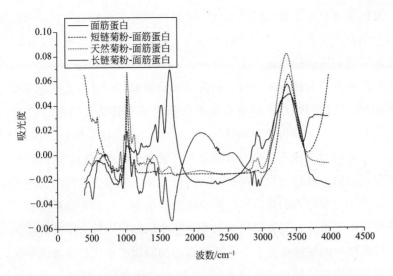

图 5-5　面筋蛋白及菊粉-面筋蛋白红外光谱图

谷蛋白和面筋蛋白的 α-螺旋含量高于麦醇溶蛋白，但加入菊粉后三种蛋白质的 α-螺旋含量均无显著变化。由于蛋白质二级结构中 α-螺旋结构性质稳定，坚韧又富有弹性，主要影响面团的弹性和硬度，因此，麦谷蛋白决定着面团的

表 5-5　菊粉对面团体系中蛋白质二级结构含量的影响

蛋白质	峰位置			
	α-螺旋/% (1220～1240cm⁻¹)	β-转角/% (1280cm⁻¹)	β-折叠/% (1310～1330cm⁻¹)	无规则卷曲/% (1250～1270cm⁻¹)
醇溶蛋白	22.70±1.03[a]	25.84±1.67[a]	31.11±2.52[a]	20.33±1.08[a]
短链菊粉-醇溶蛋白	23.80±1.24[a]	24.82±1.67[a]	31.45±2.42[a]	19.91±1.24[a]
天然菊粉-醇溶蛋白	22.44±1.06[a]	24.53±1.28[a]	33.24±1.56[ab]	19.78±0.58[a]
长链菊粉-醇溶蛋白	24.12±1.24[ab]	21.34±0.86[b]	35.48±1.03[b]	19.04±0.12[a]
谷蛋白	24.14±1.23[a]	23.99±1.12[a]	32.41±1.21[a]	19.44±0.11[a]
短链菊粉-谷蛋白	23.85±1.27[a]	23.76±1.28[a]	31.73±1.29[a]	20.64±1.02[a]
天然菊粉-谷蛋白	24.01±1.31[a]	23.93±1.15[a]	32.73±0.15[a]	19.31±0.28[a]
长链菊粉-谷蛋白	23.89±1.24[a]	13.81±0.98[b]	48.75±2.53[b]	13.54±0.53[b]
面筋蛋白	24.99±1.86[a]	23.34±1.36[a]	32.12±1.85[a]	19.52±1.39[a]
短链菊粉-面筋蛋白	24.89±1.27[a]	23.66±1.42[a]	31.49±1.24[a]	19.93±1.08[a]
天然菊粉-面筋蛋白	23.81±1.06[a]	23.72±1.24[a]	33.01±1.34[a]	19.44±1.34[a]
长链菊粉-面筋蛋白	24.80±1.05[a]	14.33±0.86[b]	46.82±2.38[b]	14.02±1.02[b]

注：同一列中不同字母表示水平间差异显著（$P<0.05$）。

弹性，麦醇溶蛋白决定着面团的黏性。麦醇溶蛋白中 β-转角的含量明显多于麦谷蛋白，这是由于麦醇溶蛋白为球状蛋白，麦谷蛋白多为大聚体，β-转角通常出现在球状蛋白表面的缘故。

长链菊粉的添加使醇溶蛋白、谷蛋白和面筋蛋白的 β-转角显著减少，β-折叠显著增加，使醇溶蛋白、谷蛋白和面筋蛋白的 β-转角分别降低了 17.41%、42.43% 和 38.60%，β-折叠分别增加了 14.05%、50.42% 和 45.77%。但短链菊粉和天然菊粉对三种蛋白质的 β-转角和 β-折叠无显著影响。由此可见，长链菊粉对谷蛋白的二级结构的影响最大。研究表明，低聚合度的菊粉主要作为稀释物质，并不会导致面团蛋白质结构的根本性变化。而长链菊粉具有强的吸水性，导致自由水减少，麦谷蛋白接触水合环境的面积远远大于麦醇溶蛋白，则对其 β-转角结构的破坏程度和蛋白质聚集的加剧程度也比醇溶蛋白要大，水合环境的变化使维持 β-转角的氢键断裂，β-转角结构遭到了破坏，形成小分子物质，而小分子物质在非共价键的作用下发生相互聚集，从而使 β-折叠含量升高，这种新形成的 β-折叠为反平行 β-折叠结构。

圆二色谱法（CD）进一步分析了三种不同聚合度的菊粉对醇溶蛋白二级结构的影响（表 5-6）。结果表明，三种不同聚合度的菊粉的添加分别使醇溶蛋白的 β-转角显著降低了 40.79%、39.47% 和 38.49%，天然菊粉和长链菊粉分别使醇溶蛋白的 β-折叠显著增加了 77.78% 和 48.4%。与中红外光谱测定的二级结构的结论基本一致。

表 5-6　菊粉对醇溶蛋白二级结构含量的影响（CD 法）

蛋白质	峰位置			
	α-螺旋 / %	β-转角 / %	β-折叠 / %	无规则卷曲 / %
醇溶蛋白	29.60	30.40	15.30	24.70
短链菊粉-醇溶蛋白	30.40	18.00	15.80	35.80
天然菊粉-醇溶蛋白	29.00	18.40	27.20	25.40
长链菊粉-醇溶蛋白	24.70	18.70	22.90	33.70

通过光谱、黏度和小角度 X 射线分析表明，麦谷蛋白中间区域重复序列通过 β-转角形成松弛 β-折叠结构，从而赋予面团弹性。研究发现，长链菊粉的加入会降低面粉的吸水性，还会明显延长面团的形成时间，面团的强度也明显提高，表现出更好的稳定性和低的柔软性。由此可见，长链菊粉对蛋白质二级结构的改善效果最好，它的加入虽然不能参与蛋白质的网络结构，但是能够影响蛋白质的折叠与聚集，从而形成更致密、更均匀的蛋白质网络结构。

5.1.6 菊粉对面筋蛋白网络结构的影响

扫描电子显微镜分析了长链菊粉对面团体系中蛋白质组分的微观网络结构的影响（图 5-6）。由图 5-6 可知，醇溶蛋白、谷蛋白和面筋蛋白的表面微观结构差异明显，醇溶蛋白的纹理更加清晰，空隙较少；谷蛋白呈海绵状，空隙较

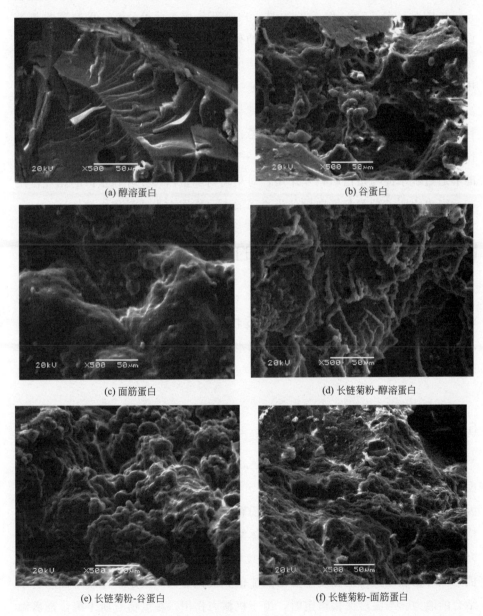

(a) 醇溶蛋白　　　　　　　　　　　　　　(b) 谷蛋白

(c) 面筋蛋白　　　　　　　　　　　　　(d) 长链菊粉-醇溶蛋白

(e) 长链菊粉-谷蛋白　　　　　　　　　　(f) 长链菊粉-面筋蛋白

图 5-6　与菊粉交联前后的蛋白质的 SEM 图谱

多且大；面筋蛋白的结构较为致密，无明显孔洞。这归因于谷蛋白含有分子间和分子内二硫键，形成网络结构明显的弹性蛋白，能够充当面筋蛋白的网络结构骨架，在面团发酵过程中防止过分膨胀。醇溶蛋白为黏性蛋白，填充于谷蛋白骨架中，形成封闭的蛋白质结构（面筋蛋白），醇溶蛋白主要赋予面团黏性和延展性，与谷蛋白结合形成封闭的面筋蛋白大聚体结构。

由图 5-6（d）、（e）和（f）可见，白色部分均为菊粉分子，可知菊粉与蛋白质样品发生了交联，且谷蛋白表面的菊粉较醇溶蛋白和面筋蛋白表面多，即菊粉更易与谷蛋白结合。蛋白质分子间主要通过二硫键、氢键和疏水性相互作用，而菊粉与蛋白质分子的边界主要通过氢键和疏水性相互结合。菊粉含有丰富的羟基，这些羟基可以通过形成氢键与蛋白质大分子相互作用，由于长链菊粉的羟基含量高于短链菊粉和天然菊粉，因此，长链菊粉与蛋白质表面的相互作用更强。此外，菊粉溶液可以形成一个 α-螺旋，该螺旋含有一个疏水中心，能够通过疏水性与蛋白质相互作用。对菊粉与酪蛋白和 β-乳球蛋白的相互作用的研究也表明，菊粉与蛋白质分子表面的主要作用力为通过疏水性作用。

5.2 菊粉对小麦淀粉性质的影响

小麦淀粉是面粉的重要组成部分，对面制品的品质和口感具有重要的影响。在面制品的生产过程中，也会因淀粉的一些缺陷导致无法满足生产的需求。近年来，有许多学者研究多糖和亲水胶体对淀粉糊化、老化、凝胶等特性的影响，以期改善淀粉功能的局限性。

5.2.1　菊粉对淀粉糊化特性的影响

图 5-7 为菊粉和小麦淀粉的 Brabender 黏度曲线。在测试初期，随加热温度的升高，小麦淀粉的黏度先保持恒定，在 30～40min 期间迅速上升。这是因为随着温度的升高大量水分进入淀粉颗粒内部，使其溶胀失去原有的紧密结构，直链淀粉分子从内部渗出形成胶体溶液，黏度值上升。当溶胀导致的黏度升高和多聚体渗出重新排列导致的黏度降低之间达到平衡时，黏度达到最大值，即峰值黏度。峰值黏度主要由热流值和机械力共同决定，体现了淀粉与水结合的能力。当温度保持恒定时，由于机械力作用，黏度值有所下降。随着温度的降低，淀粉糊逐渐冷却，淀粉中的直链淀粉和支链淀粉分子间发生重结

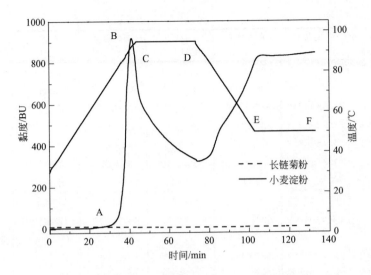

图 5-7　菊粉与小麦淀粉的 Brabender 黏度曲线

晶，通过氢键形成较为稳定的三维结构，黏度又有所上升。最后当温度保持恒定时，重结晶形成的一部分不稳定结构又会随着保温时间的延长受到破坏，最终导致黏度值又有所下降。从曲线上可知，小麦淀粉有明显的糊化黏度曲线，而菊粉在升温过程中是没有黏度值变化的，这归因于菊粉在高温下不能形成凝胶。

由表 5-7 可知，三种菊粉的加入使混合体系的开始糊化温度范围在 63.1～65.9℃之间，且随着菊粉添加量的增加，混合体系的起始糊化温度逐渐升高，起始糊化温度在不同的菊粉类型之间并无显著变化。混合体系的起始糊化温度升高主要是因为菊粉具有较强的吸湿性，其凝胶可以保留大量的水分，从而与淀粉争夺糊化所需的水分，使得淀粉糊化的难度增大，糊化所需温度也随着增高。就三种菊粉而言，添加了短链菊粉的淀粉起始糊化温度增加得最明显，其次是天然菊粉，而长链菊粉对淀粉糊化温度的影响最小。这主要是因为短链菊粉含有较多暴露在外的羟基，表现出较强的与水结合的能力，因此，起始糊化温度也更高。研究表明，非淀粉类多糖可以降低淀粉颗粒非结晶区的水合能力，导致淀粉的糊化温度升高。

表 5-7　黏度计法测量菊粉对小麦淀粉糊化特性的影响

菊粉类型	菊粉添加量/%	糊化温度/℃	峰值黏度/BU	冷却阶段开始黏度/BU	冷却阶段结束黏度/BU	崩解值/BU	回生值/BU
空白	0	63.5±0.1[ab]	935.9±12[k]	427±7[a]	966±2[ghi]	512±4[f]	569±1[ab]

续表

菊粉类型	菊粉添加量/%	糊化温度/℃	峰值黏度/BU	冷却阶段开始黏度/BU	冷却阶段结束黏度/BU	崩解值/BU	回生值/BU
短链菊粉	2.5	63.6±0.0^{abc}	922±12^{j}	425±15^{a}	951±14^{defghi}	497±1^{ef}	561±2^{ab}
	5.0	63.4±0.1^{ab}	903±3^{hi}	420±9^{a}	934±7^{cdefg}	483±11^{def}	558±7^{a}
	7.5	63.8±0.1^{bcd}	887±10^{fgh}	421±7^{a}	933±8^{cdefg}	466±8^{bcdef}	557±0^{ab}
	10.0	63.8±0.1^{bcd}	890±17^{ghi}	429±20^{a}	940±0^{cdefg}	461±5^{bcdef}	559±3^{ab}
	12.5	63.8±0.0^{bcd}	879±8^{def}	429±15^{a}	941±6^{cdefg}	450±11^{bcde}	562±4^{ab}
	15.0	64.3±0.2^{def}	866±5^{bcd}	425±8^{a}	931±10^{cdef}	441±1^{bcde}	561±5^{ab}
	20.0	65.9±0.3^{g}	849±7^{a}	423±11^{a}	912±2^{bc}	426±9^{ab}	571±0^{ab}
天然菊粉	2.5	63.1±0.0^{a}	906±2^{i}	422±2^{a}	928±28^{cde}	484±5^{def}	559±1^{ab}
	5.0	63.5±0.1^{ab}	901±9^{hi}	428±4^{a}	940±9^{cdefg}	473±1^{cdef}	554±6^{ab}
	7.5	63.8±00^{bcd}	897±6^{ghi}	427±7^{a}	938±13^{cdefg}	470±10^{cdef}	559±2^{ab}
	10.0	63.9±0.1^{bcd}	897±12^{ghi}	440±1^{a}	964±12^{fghi}	457±2^{bcdef}	570±12^{ab}
	12.5	64.1±0.1^{cdef}	900±1^{hi}	440±11^{a}	962±1^{efghi}	460±1^{bcdef}	569±5^{ab}
	15.0	64.3±0.0^{def}	889±4^{fgh}	444±9^{a}	974±5^{hi}	445±3^{bcde}	575±9^{ab}
	20.0	64.6±0.4^{ef}	868±0^{cde}	445±6^{a}	979±2^{i}	428±12^{bc}	579±6^{b}
长链菊粉	2.5	63.9±0.2^{bcd}	898±12^{fgi}	419±7^{a}	931±2^{cdef}	479±8^{bcdef}	561±3^{ab}
	5.0	64.3±0.0^{cdef}	882±0^{efg}	417±3^{a}	921±10^{bcd}	465±3^{bcdef}	561±7^{ab}
	7.5	63.4±0.1^{ab}	864±6^{bcd}	434±5^{a}	942±6^{cdefgh}	430±1^{bcd}	563±1^{ab}
	10.0	64.2±0.3^{cdef}	859±0^{bc}	423±4^{a}	918±4^{bcd}	436±10^{bcde}	559±4^{ab}
	12.5	64.1±0.0^{bcde}	851±3^{b}	428±14^{a}	928±1^{cde}	423±2^{bcd}	560±2^{ab}
	15.0	64.2±0.1^{cdef}	854±6^{bc}	421±1^{a}	826±1^{a}	419±1^{bc}	561±1^{ab}
	20.0	64.8±0.1^{f}	832±1^{a}	416±0^{a}	899±9^{b}	416±20^{a}	564±6^{ab}

注：同一列中不同的字母表示水平间差异显著（$P<0.05$）。

　　峰值黏度随着菊粉添加量的增加而逐渐降低，且变化显著（$P<0.05$）。淀粉糊化产生黏度主要是由于支链淀粉的作用，由于菊粉分子的吸湿性导致支链淀粉不能充分吸收水分形成完全的黏性物质。在三种菊粉中，长链菊粉对淀粉的黏性的影响较为显著，其次是短链菊粉，最后是天然菊粉。在较高温度下（80～90℃），长链菊粉密集而高度规则的晶体结构会受到破坏而暴露出较多的羟基来，增强了其吸湿性和持水性。其他研究结果也表明，短链菊粉、天然菊粉和长链菊粉在80℃下的吸水量分别为1.24g/g、0.84g/g和2.17g/g。

　　在淀粉糊冷却过程中，直链淀粉可以再形成双螺旋结构，支链淀粉通过集聚离散的分支来增强晶体的结构，在淀粉链之间形成大量的氢键，使淀粉重新形成晶体。黏度计法测量得到的崩解值可以反映淀粉颗粒在加热过程中的颗粒稳定性，崩解值越小，说明淀粉颗粒的结构越稳定。从表5-7可以看出，随着菊粉添加量的增加，崩解值逐渐降低，当添加量大于12.5%，崩解值显著降低（$P < 0.05$），说明菊粉的加入使淀粉颗粒的稳定性增强。在三种菊粉中，长链菊粉的影响最为显著。回生值反映淀粉糊化之后分子重新结晶的程度，在初期老化过程中，回生值的大小主要与直链淀粉分子的重结晶相关。由表5-7可知，随着菊粉添加量的逐渐增加，回生值总体呈下降趋势，当短链菊粉、天然菊粉和长链菊粉的添加量分别为7.5%、5.0%和10.0%时，淀粉体系的回生值达到最小，此时菊粉对淀粉初期老化的抑制效果最强。随着菊粉添加量的继续增加，回生值又逐渐升高，这可能是因为适量的菊粉分子在淀粉周围形成的水合层限制了直链淀粉分子的重排。与长链菊粉相比，短链菊粉和天然菊粉在常温下具有更多的小分子可以与水结合，因此，较低聚合度的菊粉在少量添加水平下即可达到明显的抑制老化效果。当添加的菊粉量较高时，菊粉不仅达不到抑制淀粉老化的效果，反而有促进淀粉老化的趋势，因为大量菊粉分子的存在也会形成菊粉-菊粉自身间的结晶。

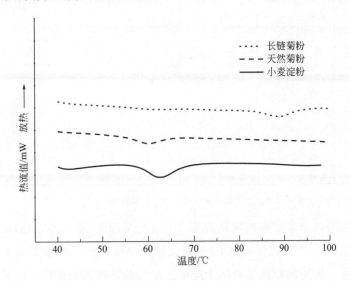

图5-8　菊粉和小麦淀粉的DSC糊化曲线

由图5-8可以看出，天然菊粉、长链菊粉和小麦淀粉在低温段只有一个吸热峰，这个吸热峰就是糊化吸热峰。产生吸热峰的原因是：在温度逐渐升高、混合体系中存在过量水分时，淀粉颗粒就会受热吸水溶胀。在其发生水合溶胀的同时伴随着微晶的熔化，也就是淀粉加热糊化时发生的从多晶态到非晶态和从颗粒态到糊化态的双重物态转化产生了糊化吸热峰。试验结果显示，短链菊粉基本无糊化焓值，含量为40%的天然菊粉和长链菊粉均可测出糊化焓值，但是糊化焓值明显小于含量为30%的淀粉的糊化焓值。

表 5-8　DSC 法测量菊粉对小麦淀粉糊化特性的影响

菊粉类型	菊粉添加量/%	T_O/℃	T_P/℃	T_E/℃	T_E-T_O/℃	ΔH_g/(J/g)
空白	0	58.63±0.04[hij]	63.47±0.00[k]	69.35±0.14[ij]	10.72±0.21[i]	7.56±0.04[bcd]
短链	2.5	58.80±0.02[ghij]	64.03±0.44[hij]	69.81±0.05[hi]	11.01±0.02[fghi]	7.36±0.45[bc]
	5.0	58.98±0.07[efghij]	64.13±0.04[ghij]	70.11±0.19[gh]	11.13±0.25[efghi]	7.88±0.51[ab]
	7.5	59.13±0.05[cdefgh]	64.35±0.55[gh]	70.01±0.08[ghi]	10.88±0.08[ghi]	7.46±0.19[abc]
	10.0	59.35±0.12[bcdef]	64.50±0.01[efgh]	70.55±0.01[ef]	11.2±0.08[defghi]	7.58±0.23[bcd]
	12.5	59.31±0.05[bcdef]	64.60±0.50[defg]	70.70±0.01[cdef]	11.39±0.05[cdefg]	7.23±0.07[bcd]
	15.0	59.43±0.11[abcde]	65.00±0.26[bcd]	70.93±0.14[cde]	11.5±0.18[cdefg]	7.09±0.58[cdef]
	17.5	59.45±0.29[abcde]	65.31±0.2[abc]	71.89±0.04[b]	12.44±0.29[ab]	7.14±0.03[abc]
	20.0	59.74±0.00[ab]	65.52±0.18[a]	72.42±0.33[a]	12.68±0.34[a]	7.07±0.02[ab]
天然	2.5	58.60±0.19[hij]	64.37±0.23[gh]	69.79±0.12[hi]	11.19±0.06[efghi]	7.54±0.86[bcd]
	5.0	58.65±0.02[hij]	63.86±0.01[ijk]	69.86±0.01[hi]	11.21±0.01[defghi]	7.35±0.21[ab]
	7.5	58.65±0.15[hij]	64.03±0.11[hij]	70.04±0.18[ghi]	11.39±0.01[cdefg]	7.30±1.34[bcdef]
	10.0	58.96±0.13[efghij]	64.61±0.31[defg]	70.63±0.05[def]	11.67±0.06[cde]	7.63±1.01[bcde]
	12.5	59.08±0.11[defghi]	64.56±0.25[defg]	70.68±0.15[def]	11.6±0.19[cdef]	7.08±0.66[abc]
	15.0	59.58±0.41[abcd]	64.86±0.04[cdef]	70.34±0.36[fg]	10.76±0.55[hi]	7.06±1.26[a]
	17.5	59.62±0.01[abc]	64.87±0.08[cdef]	71.08±0.02[c]	11.46±0.01[cdefg]	7.04±1.01[ab]
	20.0	59.88±0.09[a]	65.02±0.05[bcd]	71.70±0.21[b]	11.82±0.06[cd]	6.93±0.23[g]
长链	2.5	58.59±0.06[ij]	64.21±0.47[ghi]	69.96±0.04[ghi]	11.37±0.07[cdefgh]	7.55±0.21[bcd]
	5.0	58.53±0.03[j]	63.68±0.01[jk]	69.65±0.09[ij]	11.12±0.10[efghi]	7.50±0.00[defg]
	7.5	58.58±0.22[defghi]	63.85±0.21[ijk]	69.96±0.35[ghi]	11.38±0.01[cdefg]	7.44±0.04[efg]
	10.0	58.89±0.14[fghij]	64.44±0.12[fgh]	70.56±0.28[ef]	11.67±0.30[cde]	7.34±0.03[defg]
	12.5	59.12±0.01[cdefgh]	64.95±0.11[bcde]	70.99±0.03[cd]	11.87±0.02[c]	7.30±0.08[bcdef]
	15.0	59.07±0.00[defghi]	64.90±0.23[bcdef]	71.06±0.10[c]	11.99±0.00[bc]	7.22±0.02[abc]
	17.5	59.32±0.12[bcdefg]	65.19±0.14[abc]	71.85±0.20[b]	12.53±0.17[ab]	7.16±0.01[abc]
	20.0	59.45±0.25[abcde]	65.36±0.17[ah]	72.03±0.66[h]	12.58±0.1[a]	7.17±0.20[abc]

注：同一列中不同的字母表示水平间差异显著（$P<0.05$）。

研究表明，小麦淀粉的糊化温度（T_{Og}）范围在 57~66℃之间。T_O 为糊化起始温度，T_P 为峰值温度，T_E 为糊化结束温度，这三个温度表示淀粉糊化的整个过程。淀粉的糊化受周围无定形区水分的影响，而菊粉凝胶可通过减缓淀粉颗粒无定形区的水合作用来影响淀粉的糊化过程。当短链菊粉的添加量从 0% 增加到 20.0% 时，T_O 从 58.63℃ 升高到 59.74℃，加入天然菊粉的从 58.63℃ 升高到 59.88℃，加入长链菊粉的从 58.63℃ 升高到 59.45℃。可以明显观察到三种菊粉的加入都使 T_O 升高，但是只有在菊粉添加量较高的水平下变化才显著（短链菊粉≥10.0%、天然菊粉≥15.0%、长链菊粉≥17.5%）。这主要是因为菊粉可以阻止水分子进入淀粉颗粒的无定形区域，从而影响淀粉的糊化过程。三种菊粉中，短链菊粉对淀粉糊化的 T_O 影响较为显著，这是因为短链菊粉有最强的吸湿性。随着短链菊粉、天然菊粉和长链菊粉的添加，T_P 从 63.47℃ 分别升高到 65.52℃、65.02℃ 和 65.36℃，T_E 分别从 69.35℃ 升至 72.42℃、71.70℃ 和 72.03℃。$T_E - T_O$ 的值主要反映淀粉颗粒内部结晶体的多样化程度，差值越大，差异化程度就越高。由表 5-8 可知，三种菊粉的加入都使该差值有所升高，其中长链菊粉的加入使结晶异化程度升高得最为显著，短链菊粉和天然菊粉的添加只有当添加量达到一定值时才影响显著（短链菊粉≥12.5%、天然菊粉≥7.5%）。这说明加入聚合度大的菊粉使淀粉的结晶类型增加，在加热过程中菊粉与淀粉分子间发生了作用。

ΔH_g 表示淀粉的吸热焓。由表 5-8 可知，添加三种菊粉后，淀粉的焓值分别从 7.56J/g 降至 7.07J/g、6.93J/g 和 7.17J/g。作为亲水胶体的一种，菊粉可通过限制淀粉对水分的利用来降低淀粉的糊化焓。聚合度越低的菊粉对淀粉的糊化焓影响越明显，一方面是因为菊粉的糊化焓本身比淀粉的低，菊粉吸水糊化后导致淀粉不能充分吸水糊化，因此糊化焓降低；另一方面，可能是由于菊粉属于小分子多糖，在加热过程中可以轻易地穿插在淀粉分子中影响淀粉结晶区的结构，导致淀粉的部分结晶体的稳定性减弱，从而引起糊化焓值降低。

5.2.2　菊粉对淀粉老化特性的影响

糊化后的淀粉糊在冷却贮藏过程中，直链淀粉、支链淀粉会与氢键结合形成稳定的三维结构。贮藏后的淀粉样品会在升温过程中再次吸热糊化，吸热焓值即表示老化焓（ΔH_r）、再次糊化的糊化起始温度（T_{Or}）、糊化峰值温度（T_{Pr}）和糊化结束温度（T_{Er}）的数据见表 5-9。由表 5-9 可知，老化淀粉的各项热力学温度和焓值都比糊化淀粉的小。这是因为糊化后的淀粉在老化过程中形成的结构和结晶较为疏松，在较低温度下即可重新完成糊化过程。随着三种菊粉添加量的增加，T_{Or}、T_{Pr} 和 T_{Er} 的值逐渐升高。但是对于短链菊粉和天然菊粉来说，只有当菊粉添加量达到一定含量时，热力学转变温度才能高于纯淀粉，这说明聚合度越低的菊粉对淀粉老化过程的影响越大。$T_{Er} - T_{Or}$ 的值随着菊粉添加量的增加整体呈现出先降低后升高的趋势，三种菊粉中，长链菊粉使淀粉结晶类型降低得最显著。这可能是因为长链菊粉的分子链较长，在高温下链长充分伸展，阻碍了淀粉在贮藏老化过程中分子的重结晶，老化形成的结晶异化程度较低。

表 5-9　菊粉对小麦淀粉老化特性的影响

菊粉类型	菊粉添加量/%	T_{Or}/℃	T_{Pr}/℃	T_{Er}/℃	$T_{Er}-T_{Or}$/℃	ΔH_r/(J/g)	R/%
空白	0.0	49.56±0.04[cde]	56.81±0.04[bcdef]	63.85±0.25[bcdef]	14.29±0.33[i]	2.24±0.20[gh]	29.6
短链	2.5	48.57±0.25[efg]	55.96±0.16[bc]	62.45±0.38[abcd]	13.88±0.95[fghi]	1.86±0.25[cdefg]	25.3
	5.0	48.08±0.43[g]	55.38±0.38[b]	62.67±0.24[abcdef]	14.59±0.65[efghi]	1.65±0.05[bcde]	20.9
	7.5	48.84±0.17[defg]	56.41±0.23[bcd]	62.76±0.23[cdef]	13.92±0.34[ghi]	1.23±0.21[bcde]	16.5
	10.0	48.96±0.47[defg]	56.18±0.36[bcd]	62.84±0.02[bcdef]	13.88±0.33[defghi]	1.78±0.31[bcdef]	23.4
	12.5	48.84±0.47[defg]	56.99±0.57[bcdefg]	63.16±0.04[def]	14.32±0.31[cdefg]	1.96±0.03[cdefg]	27.1
	15.0	49.83±0.45[cd]	57.42±0.63[cdefg]	63.54±0.45[efg]	13.71±0.01[cdefg]	2.03±0.55[cdefg]	28.6
	17.5	49.86±0.20[cd]	57.53±0.08[cdefg]	64.05±0.09[abc]	14.19±0.10[ab]	2.08±0.01[cdefg]	29.1
	20.0	49.95±0.04[cd]	57.78±0.14[b]	64.42±0.05[a]	14.47±0.01[a]	2.23±0.20[defgh]	31.5
天然	2.5	46.22±0.44[h]	53.57±0.94[cdefg]	61.38±0.70[ef]	15.16±0.81[efghi]	1.80±0.42[abc]	23.9
	5.0	48.31±2.08[fg]	55.65±0.60[defg]	61.70±0.31[efg]	13.39±1.69[defghi]	1.57±0.13[ab]	22.9
	7.5	49.14±0.67[defg]	56.24±0.37[defg]	61.46±0.25[cdef]	12.32±0.36[cdefg]	1.27±1.03[a]	17.4
	10.0	49.35±0.56[cdef]	56.41±0.63[efg]	61.87±0.19[fg]	12.52±0.29[cde]	1.54±0.64[bcdef]	20.2
	12.5	49.65±0.29[cde]	56.35±0.01[fg]	61.72±0.21[g]	12.07±0.36[cdef]	1.89±0.20[abcd]	26.7
	15.0	48.84±0.34[defg]	56.48±0.13[g]	62.70±0.57[fg]	13.86±0.02[hi]	2.08±0.13[fgh]	29.5
	17.5	49.50±0.30[cdef]	56.83±0.06[gh]	63.01±0.01[bc]	13.51±0.31[cdefg]	2.17±0.04[cdefgh]	30.8
	20.0	49.53±0.13[cde]	56.89±0.10[gh]	63.50±0.45[bcd]	13.97±0.32[cd]	2.23±0.15[defgh]	32.2
长链	2.5	49.40±0.08[cdef]	57.59±0.13[a]	63.21±0.03[a]	13.81±0.06[defgh]	1.75±0.21[bcde]	23.2
	5.0	50.40±0.06[bc]	57.84±0.30[b]	63.28±0.08[abc]	12.88±0.10[efghi]	1.68±0.00[bcde]	22.4
	7.5	51.81±0.01[a]	57.83±0.12[bc]	62.93±0.07[ab]	11.12±0.06[cdefg]	1.54±0.13[abc]	20.7
	10.0	51.51±0.08[ab]	57.91±0.09[bc]	63.78±0.27[abc]	12.27±0.26[cde]	1.69±0.29[cdefg]	23.0
	12.5	51.10±0.32[ab]	58.31±0.09[bcd]	64.40±0.15[abc]	13.3±0.34[c]	2.70±0.21[gh]	28.8
	15.0	51.10±0.04[ab]	58.44±0.02[bcde]	63.74±0.56[abcde]	12.64±0.43[bc]	2.29±0.59[h]	31.7
	17.5	51.33±0.03[ab]	59.27±0.07[i]	63.95±0.25[abc]	12.62±0.22[ab]	2.28±0.02[efgh]	31.8
	20.0	51.59±0.01[a]	59.38±0.03[i]	64.03±0.03[abe]	12.44±0.02[a]	2.34±0.22[efgh]	32.6

注：同一列中不同的字母表示水平间差异显著（$P<0.05$）。

淀粉的老化焓值（ΔH_r）主要反映了支链淀粉的重结晶。从表 5-9 中可以看出，淀粉的老化焓值明显低于其糊化焓值。加入三种菊粉后，老化焓也是同糊化焓一样呈现出先降低后升高的趋势，且焓值在三种菊粉的添加量都是 7.5% 时达到了最小值，分别比纯淀粉的老化焓降低了 45.1%、43.3% 和 31.3%。研究表明，果糖、蔗糖和海藻糖等小分子糖可以通过影响淀粉的重结晶来减缓淀粉的老化。由于短链菊粉和天然菊粉比长链菊粉含有更多的小分子糖，导致短链菊粉和天然菊粉对淀粉的老化重结晶的影响比长链菊粉更明显。

老化焓值与糊化焓值的比值（R）表示淀粉的老化率。老化率越低说明淀粉老化的程度越小。加入三种菊粉后，淀粉的老化率均有所减小，说明淀粉的老化受到了抑制，且随着三种菊粉添加量的逐渐增加，淀粉的老化率整体呈现出先降低后升高的趋势。短链菊粉的抑制效果最为显著，其次是天然菊粉，最后是长链菊粉。当三种菊粉的添加量在7.5%时，淀粉的老化率均达到了最小值，依次为16.5%、17.4%和20.7%，分别比纯淀粉的老化率降低了44.3%、41.2%和30.1%。这是因为当菊粉含量低于7.5%时，菊粉会与淀粉分子形成菊粉-淀粉复合物，导致支链淀粉链重新组合排列受到抑制，从而导致淀粉的老化率降低。当菊粉含量大于7.5%时，菊粉类似于体系中的水分子而作为一种增塑剂存在，促进了淀粉分子的排列结晶，进而使菊粉对淀粉老化的抑制效果减弱。

5.2.3　菊粉对淀粉相对结晶度的影响

图5-9为原淀粉和糊化处理后在不同温度下贮藏7d的小麦淀粉的X射线衍射（XRD）图谱。在XRD图谱中，淀粉颗粒的结晶类型可以分为4类：衍射角（2θ）在15°、17°、18°、20°和23°有衍射峰存在的称为A型；衍射角（2θ）在5.5°、17°、22°和24°有衍射峰存在的称为B型；2θ在7.8°、13.5°和20.7°有衍射峰存在的称为V型；同时包含有A型和B型的称为C型。谷类淀粉（如玉米淀粉）大多数为A型晶体，块茎类淀粉（如马铃薯淀粉）基本为B型。

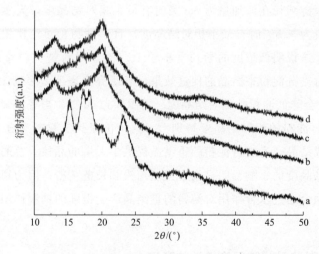

图5-9　原淀粉（a）和糊化后分别在−22℃、4℃、25℃（b、c、d）

下贮藏7d的淀粉XRD图谱

由图5-9可知，未处理的天然小麦淀粉在15.31°、17.1°和23.04°下有较强的衍射峰，说明小麦淀粉为典型的 A 型结晶。而不同状态下的淀粉具有不同的晶体状态（a 与 b、c、d 的不同），表明淀粉糊化是影响淀粉晶体转变的重要因素。淀粉经糊化后在不同温度（b、c、d）下贮藏的主要衍射峰位置基本相同，说明在不同温度下贮藏对淀粉的结晶类型没有影响。但是不同温度下贮藏的淀粉的衍射强度却有明显差异，在 4℃下贮藏的淀粉比在 -22℃ 和 25℃下有更多的衍射峰存在，说明小麦淀粉在 4℃下更容易发生老化。

图 5-10 为含有不同聚合度和添加量菊粉的淀粉在 4℃下贮藏 7d 的 XRD 图谱。由图 5-10 可知，随着三种菊粉添加量的增加，淀粉的衍射峰位置并无明显变化，表明菊粉的添加对淀粉的老化结晶类型并无影响。有研究表明，淀粉在 13°和 20°左右显示的峰为支链淀粉的特征峰，在 17°左右显示的峰为直链淀粉的特征峰。图中，随着短链菊粉、天然菊粉和长链菊粉添加量的增加，17°的衍射峰强度逐渐降低，说明菊粉在贮藏阶段抑制直链淀粉的重结晶，可能是因为小分子类多糖能穿插在直链淀粉分子链上，导致直链淀粉分子链之间的分散性增加，从而降低了淀粉链相互之间的聚集。除此之外，淀粉在 13°和 20°处的衍射峰强度随着菊粉添加量的增加逐渐增强，说明在淀粉贮藏过程中菊粉促进了支链淀粉的重结晶。

图 5-11 表示添加了不同浓度菊粉的淀粉贮藏 7d 后的相对结晶度。可以看出，随着三种菊粉添加量的增加，相对结晶度先是逐渐降低后又表现出升高的趋势。其中短链菊粉在添加量为 5.0% 时有最小相对结晶度，天然菊粉和长链菊粉在添加量为 7.5% 时有最小相对结晶度，且三种菊粉对淀粉相对结晶度的影响都显著。这说明低浓度的菊粉（小于 15.0%）对直链淀粉重结晶的抑制效果要强于对支链淀粉重结晶的促进效果。有研究也表明，多糖浓度从 0% 升至 5.0% 时，会降低淀粉的相对结晶度。由图 5-11 可知，当短链菊粉的添加量为 15.0% 时，淀粉的相对结晶度特别大，这可能是因为菊粉分子之间发生了相互作用形成结晶，为支链淀粉的重结晶提供了大量的晶核。总的来说，短链菊粉对淀粉结晶度的影响要明显高于天然菊粉和长链菊粉，因为短链菊粉中适量的小分子糖会通过水合作用对淀粉的重结晶产生很强的抑制作用。

5.2.4　菊粉对淀粉凝胶质构特性的影响

表 5-10 显示了不同聚合度和添加量的菊粉对淀粉凝胶质构特性的影响。凝胶的硬度是凝胶受到外力作用时所表现出来的，反映了分子之间作用力的情

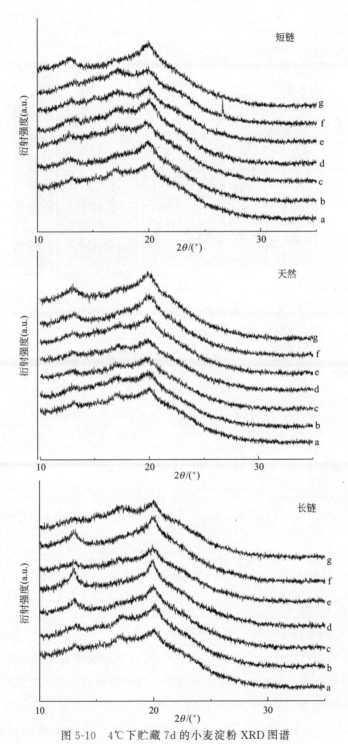

图 5-10　4℃下贮藏 7d 的小麦淀粉 XRD 图谱

a—纯淀粉；b—2.5%菊粉；c—5.0%；d—7.5%；e—10.0%；f—12.5%；g—15.0%

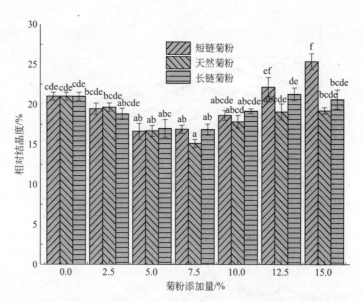

图 5-11　菊粉对小麦淀粉相对结晶度的影响

字母 a、b、c 等表示各组间差异显著性（$P<0.05$）

表 5-10　菊粉对小麦淀粉凝胶质构特性的影响

菊粉类型	添加量/%	硬度/N	黏附力/N	黏着性/N·s	凝聚性	咀嚼性
空白	0	0.360 ± 0.03^{efg}	0.160 ± 0.018^{ab}	3.315 ± 0.645^{a}	0.512 ± 0.036^{c}	0.178 ± 0.003^{e}
短链	5.0	0.374 ± 0.005^{defg}	0.175 ± 0.003^{a}	3.265 ± 0.215^{a}	0.513 ± 0.022^{c}	0.214 ± 0.002^{cde}
	10.0	0.463 ± 0.013^{a}	0.141 ± 0.002^{bcd}	2.665 ± 0.145^{abc}	0.668 ± 0.005^{abc}	0.305 ± 0.003^{a}
	15.0	0.411 ± 0.011^{bcd}	0.128 ± 0.001^{cd}	2.260 ± 0.050^{bc}	0.674 ± 0.017^{abc}	0.308 ± 0.008^{a}
	20.0	0.372 ± 0.012^{defg}	0.119 ± 0.006^{d}	1.985 ± 0.025^{c}	0.588 ± 0.013^{abc}	0.222 ± 0.004^{cde}
天然	5.0	0.395 ± 0.016^{cde}	0.165 ± 0.010^{ab}	2.865 ± 0.195^{ab}	0.558 ± 0.077^{abc}	0.209 ± 0.017^{cde}
	10.0	0.425 ± 0.006^{abc}	0.149 ± 0.003^{abc}	2.893 ± 0.172^{ab}	0.698 ± 0.028^{a}	0.282 ± 0.010^{ab}
	15.0	0.391 ± 0.004^{cdef}	0.161 ± 0.005^{ab}	2.258 ± 0.775^{bc}	0.684 ± 0.082^{ab}	0.260 ± 0.032^{abc}
	20.0	0.353 ± 0.007^{fg}	0.133 ± 0.003^{cd}	2.070 ± 0.020^{bc}	0.529 ± 0.105^{bc}	0.191 ± 0.046^{de}
长链	5.0	0.399 ± 0.008^{cde}	0.172 ± 0.014^{a}	3.326 ± 0.477^{a}	0.623 ± 0.002^{abc}	0.240 ± 0.005^{bcd}
	10.0	0.440 ± 0.007^{ab}	0.141 ± 0.004^{bcd}	2.474 ± 0.019^{abc}	0.685 ± 0.015^{ab}	0.301 ± 0.007^{a}
	15.0	0.361 ± 0.007^{efg}	0.127 ± 0.002^{cd}	2.182 ± 0.041^{bc}	0.710 ± 0.013^{a}	0.260 ± 0.014^{abc}
	20.0	0.334 ± 0.002^{g}	0.119 ± 0.007^{d}	2.309 ± 0.200^{bc}	0.560 ± 0.046^{abc}	0.192 ± 0.017^{de}

注：同一列中不同的字母表示水平间差异显著（$P<0.05$）。

况及网络结构的稳定性。由表 5-10 可知，随着三种菊粉添加量的增加，淀粉凝胶的硬度均呈现出先增加后降低的趋势。当短链菊粉、天然菊粉和长链菊粉的添加量分别为 10.0% 时，淀粉凝胶的硬度均达到最大值，分别较空白增加了 28.61%、18.06% 和 22.22%。其中短链菊粉对淀粉凝胶的影响最显著（$P<0.05$）。相关研究也表明，在一定条件下，蔗糖可以使淀粉凝胶的硬度增

大，说明添加适量的菊粉可以增强淀粉凝胶的结构稳定性。凝胶的硬度主要取决于直链淀粉量，加入菊粉后增大是因为菊粉是一种亲水性物质，能与直链淀粉作用或填充在直链淀粉形成的网状结构中，有利于形成更加牢固的三维网络结构，从而提高凝胶网络的硬度，使凝胶的稳定性增强，但过多的菊粉反而会使凝胶体系的硬度下降。当加入蔗糖和葡萄糖的浓度超过 20.0％时，小麦淀粉凝胶的硬度就会下降，这是因为过量的菊粉分子间会相互作用形成凝胶，菊粉凝胶的网状结构比淀粉凝胶的弱，因此硬度会下降。随着蔗糖浓度的增加，凝胶的硬度逐渐降低也有所不同，可能是因为菊粉和蔗糖的分子量与聚合度不同，对淀粉凝胶的影响也不同。

黏附力和黏着性的变化表示凝胶体系阻止自身变形的能力。由表 5-10 可知，随着三种菊粉添加量的增加，淀粉凝胶的黏附力和黏着性都逐渐降低。这是因为在凝胶形成过程中，菊粉与直链淀粉形成较为稳固、致密的三维网络结构，导致分散在网络中的支链淀粉量相应减少，分散相密度低，因此，黏附力和黏着性会降低。凝聚性的变化表示凝胶内部分子之间力的作用情况，随着菊粉添加量的增加，淀粉凝胶总体呈现出先升高后降低的趋势。其中短链菊粉的添加对淀粉凝胶凝聚性的影响不显著，当天然菊粉和长链菊粉的添加量分别为10.0％和15.0％时，淀粉凝胶的凝聚性显著升高。这是因为短链菊粉的平均聚合度较小，与淀粉分子间的相互作用力比较弱，而天然菊粉和长链菊粉的分子量较大，与淀粉分子间的相互作用力会相应增强，因此，凝聚性升高。大量菊粉分子存在时，就会相互之间作用形成菊粉-菊粉复合物，使淀粉分子之间的作用力减弱，凝聚性降低。咀嚼性是评价凝胶的一个综合性重要指标，对于凝胶的实际应用具有重要意义。从表 5-10 中可知，随着三种菊粉添加量的增加，淀粉凝胶的咀嚼性先升高后降低，当短链菊粉、天然菊粉和长链菊粉的添加量分别为 15％.0、10.0％和 10.0％时，淀粉凝胶的咀嚼性最大。凝胶咀嚼性的大小与凝胶的网络结构相关，咀嚼性升高就说明凝胶的网状结构比较致密。良好的咀嚼性可以为凝胶类食品提供良好的口感，说明菊粉的加入使淀粉凝胶的口感有所提升，为菊粉在凝胶类食品中的实际应用提供了事实依据。

5.2.5　菊粉对淀粉凝胶静态流变特性的影响

采用 Ostwald-de Wale 幂律方程 $\tau = K\gamma^n$ 进行回归拟合，对剪切应力随剪切速率的变化曲线进行回归拟合分析，数据见表 5-11。其中，τ 为剪切应力

（Pa），K 为稠度系数（Pa·s），γ 为剪切速率（s^{-1}），n 为流动指数。

表 5-11　菊粉对小麦淀粉流变特性的影响

菊粉类型	添加量/%	K/Pa·s	n	R^2
空白	0	81.756±3.258^e	0.118±0.002^{ghi}	0.918
短链	2.5	77.431±2.762^{ef}	0.154±0.027^{efgh}	0.878
	5.0	71.035±2.191^g	0.172±0.005^{efg}	0.975
	7.5	38.787±2.907^i	0.355±0.014^{abc}	0.967
	10.0	26.656±4.289^j	0.374±0.030^{ab}	0.876
	12.5	22.219±2.343^k	0.339±0.019^{bc}	0.930
	15.0	9.275±0.416^l	0.430±0.008^a	0.992
天然	2.5	79.348±3.156^e	0.092±0.013^{hi}	0.892
	5.0	73.720±1.688^{fg}	0.191±0.004^{cd}	0.989
	7.5	127.609±2.962^b	0.095±0.005^{ghi}	0.949
	10.0	115.163±1.74^c	0.068±0.006^i	0.867
	12.5	130.312±7.377^{ab}	0.154±0.010^{efgh}	0.904
	15.0	130.744±5.78^{ab}	0.135±0.014^{fghi}	0.808
长链	2.5	63.937±1.081^h	0.184±0.003^{efg}	0.994
	5.0	71.515±2.661^g	0.230±0.003^{de}	0.997
	7.5	65.851±6.269^{gh}	0.204±0.018^{def}	0.855
	10.0	135.984±1.712^a	0.087±0.002^{hi}	0.984
	12.5	71.333±1.191^g	0.109±0.006^{hi}	0.984
	15.0	93.051±3.167^d	0.136±0.006^{fghi}	0.953

注：同一列中不同的字母表示水平间差异显著（$P<0.05$）。

　　表 5-11 中的稠度系数（K）和流动特征指数（非牛顿指数 n）属于经验常数，是和流体的液体性质相关的。K 值越大，表明液体越黏稠；n 值是表示流体假塑性程度的指标，偏离 1 的程度越大，表明流体的假塑性（非牛顿性）越强。由表 5-11 可知，纯淀粉凝胶和添加了菊粉的淀粉凝胶的流动特征指数 n 都小于 1，说明凝胶均表现出假塑性流体的特性。假塑性流体的一大特征就是受到外力剪切作用时会变稀，剪切稀化是剪切引起的分子形变在流体力学作用下，大分子既旋转又形变的现象。在淀粉糊中，线形大分子链之间相互缠结，使淀粉糊的流动变得相对困难。当受到剪切作用时，分子间缠结点减少，流动阻力降低，从而使表观黏度下降。这种剪切变稀的特点在材料加工成型中具有重要的意义。

　　对于菊粉-小麦淀粉混合体系而言，当短链菊粉的添加量超过 5.0% 时，淀粉凝胶的稠度系数显著降低，流动指数显著升高（$P<0.05$）。这可能是因为可溶性短链菊粉的加入稀释了混合体系中淀粉分子的微观浓度，导致稠度系数下降，流动性增强。天然菊粉的添加量为 5.0% 时，稠度系数 K 显著降低，

流动指数 n 显著升高；当添加量超过 5.0％时，凝胶的稠度系数较空白显著升高，流动指数无显著变化。说明天然菊粉的添加量大于 5.0％时，淀粉凝胶具有较强的增稠性。这可能是因为天然菊粉与淀粉混合后，可与淀粉中的淀粉分子相互作用，使分子链段间的缠结点增加，对流动产生的黏性阻力增强，稠度系数相应增加。当长链菊粉的添加量在 5.0％和 7.5％时，流动指数显著升高，其他添加水平下，淀粉凝胶的流动指数无显著变化。有研究表明，菊粉的加入使马铃薯淀粉糊的 K 值和 n 值都降低，且菊粉的链长越短，K 值降低越明显，特征指数降低越不明显。

5.2.6　菊粉对淀粉凝胶动态流变特性的影响

不同菊粉添加量的淀粉凝胶的贮能模量（G'）和损耗模量（G''）随振荡频率的变化见图 5-12。贮能模量即弹性模量，表示凝胶发生单位应变时所需的应力，弹性模量越小，凝胶越容易变形。损耗模量即黏性模量，表示凝胶产生形变时能量转变为热的现象，体现了凝胶的黏性本质。从图 5-12 中可以看出，在所选的振荡频率扫描范围下，菊粉-淀粉凝胶的弹性模量（G'）大于黏性模量（G''），显示出典型的黏弹性，表现出类似固体的性质。

在线性黏弹区内，淀粉凝胶的 G' 和 G'' 都随振荡频率的增加而增大。由图 5-12(a) 可以看出，添加短链菊粉的凝胶的 G' 和 G'' 均高于纯淀粉凝胶。随着添加量的增加，黏弹性变化呈现先升高后降低的趋势。短链菊粉的添加量在 7.5％时，G' 和 G'' 达到最大值，说明短链菊粉的添加可以提高淀粉凝胶的稳定性，使淀粉凝胶受到外力作用时不容易变形。研究发现，随着短链菊粉添加量的增加，淀粉凝胶的 G' 和 G'' 都会随着增加。这是因为适量的短链菊粉和淀粉分子中的直链淀粉结合，使形成的三维网状结构的交联点增多，从而使凝胶的黏弹性增大。

从图 5-12(b) 可以看出，当天然菊粉的添加量为 15.0％时，凝胶的 G' 和 G'' 显著升高；当其添加量小于 15.0％时，淀粉凝胶的 G' 都低于纯淀粉凝胶（除 2.5％的外），说明天然菊粉分子之间能够相互作用形成弱弹性凝胶。由于菊粉凝胶的结构不稳定，在外力作用下容易变形，因此，G' 较纯淀粉凝胶降低。当天然菊粉的添加量为 7.5％和 10.0％时，凝胶体系的 G'' 低于纯淀粉凝胶，在其他添加水平下 G'' 均高于纯淀粉凝胶。G' 的降低和 G'' 的升高说明天然菊粉的加入使淀粉凝胶受外力作用变形时释放的热量增加，此时凝胶体系具有

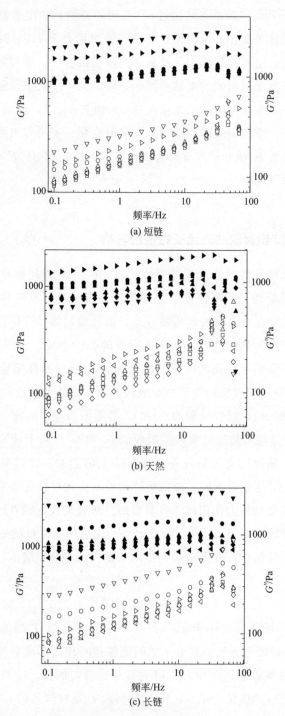

(a) 短链

(b) 天然

(c) 长链

图 5-12　菊粉-淀粉凝胶的 G' 和 G'' 随频率扫描的变化曲线

□—0%；○—2.5%；△—5.0%；▽—7.5%；◇—10.0%；◁—12.5%；▷—15.0%；实心—G'；空心—G''

比较明显的黏性特征。图 5-12(c) 表示含有不同添加量的长链菊粉的淀粉凝胶的黏弹性曲线，在同一频率扫描范围下，当菊粉添加量为 7.5％ 时，其凝胶的 G' 和 G'' 均达最大值，且均高于纯淀粉凝胶的；对于 G'，当菊粉添加量不超过 7.5％ 时，其凝胶的 G' 值均大于纯淀粉的，但当其添加量超过 7.5％ 时，其凝胶的 G' 值均低于纯淀粉的；对于 G''，菊粉添加量对凝胶 G'' 的影响没有规律性，当菊粉添加量为 2.5％、7.5％ 和 15.0％ 时，其凝胶的 G'' 值均大于纯淀粉的，其他添加量的则低于纯淀粉的。

图 5-13 给出了不同菊粉添加量的淀粉凝胶的 G'、G'' 与温度的关系曲线。由图 5-13 可知，随着温度的升高（20～80℃），淀粉凝胶的 G' 和 G'' 呈现缓慢下降的趋势。这是因为淀粉分子间形成的一些不稳定结构随着温度的升高开始受到破坏，使凝胶网络结构减弱，而温度的逐渐升高也加剧了分子的布朗运动，导致分子间间距增大，从而使链段更容易活动。在此温度范围 G' 始终大于 G''，说明在此升温过程中淀粉凝胶还是表现为类固体行为，弹性在样品中处于主导地位。随着温度的继续升高，凝胶的 G' 和 G'' 开始出现迅速增大的现象，这是因为凝胶在高温下丢失水分，流动性变差，开始出现固化，显示出固态特征。

由图 5-13 中的 G'' 可知，纯淀粉凝胶在温度升至 90℃ 左右时 G'' 迅速增大，开始发生凝胶态向固态的转变，短链菊粉和天然菊粉的添加量≤10.0％ 时，固化温度有所上升，随着菊粉的继续添加，凝胶的固化温度开始降低，并在添加量为 15.0％ 时达到最低固化温度 70℃ 左右。长链菊粉的添加量≤10.0％ 时，淀粉凝胶的固化温度较纯淀粉凝胶显著升高，随着菊粉添加量的继续增加，凝胶的固化温度降低到 90℃ 左右。固化温度升高即凝胶保持水分的能力增强，这与菊粉具有较好的持水性有关。三种菊粉中，短链菊粉和天然菊粉的分子量较小，高温下的持水性低于长链菊粉，所以只是略微提高了淀粉凝胶的固化温度。长链菊粉在高温下的持水性最好，因此，添加量小于 10.0％ 的长链菊粉显著提高了淀粉凝胶的固化温度。在较高浓度的菊粉添加量下，菊粉除了与淀粉相互作用外，菊粉分子间还能相互作用形成菊粉-菊粉复合物，菊粉凝胶的网络结构要比淀粉凝胶弱，在高温下更容易失去水分，导致固化温度降低。

由图 5-14 可知，在 5℃ 下随着时间的变化，各个样品的 G' 和 G'' 的变化趋势比较平稳，说明在保温过程中样品的稳定性较好，这种凝胶成熟行为属于典型的生物高分子凝胶。从图 5-14(a) 和 5-14(c) 中可以看出，当短链菊粉和长链菊粉的添加量低于 10.0％ 时，淀粉凝胶的 G' 和 G'' 都高于纯淀粉凝胶（除添加

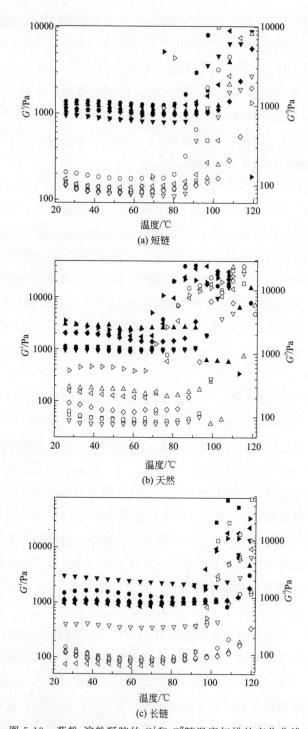

(a) 短链

(b) 天然

(c) 长链

图 5-13　菊粉-淀粉凝胶的 G' 和 G'' 随温度扫描的变化曲线

□—0％；○—2.5％；△—5.0％；▽—7.5％；◇—10.0％；◁—12.5％；▷—15.0％；实心—G'；空心—G''

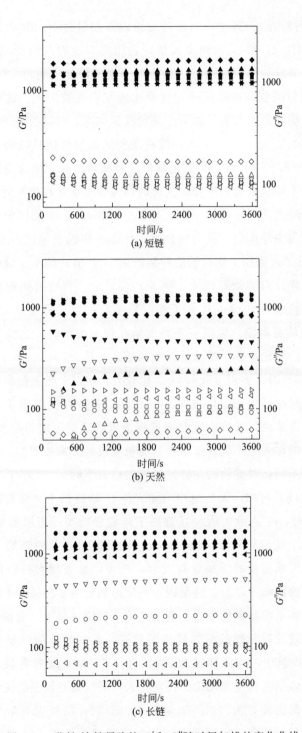

图 5-14　菊粉-淀粉凝胶的 G' 和 G'' 随时间扫描的变化曲线

□—0％；○—2.5％；△—5.0％；▽—7.5％；◇—10.0％；◁—12.5％；▷—15.0％；实心—G'；空心—G''

5.0％的长链菊粉外）。其中，当短链菊粉的添加量为 10.0％、长链菊粉的添加量为 7.5％时，G' 和 G'' 达到最大值，表明此时淀粉凝胶的结构最为紧密，在贮藏过程中凝胶的稳定性最好。当短链菊粉的添加量超过 12.5％时，G' 和 G'' 均低于纯淀粉凝胶，此时的稳定性要比纯淀粉凝胶的差。这是因为短链菊粉分子在淀粉糊化时的高温下水解。菊粉含量越高，对淀粉分子的稀释作用越明显，导致添加量大于 12.5％时，淀粉凝胶的黏弹性信号减弱。当长链菊粉的添加量超过 12.5％时，G' 和 G'' 也都低于纯淀粉凝胶，主要是因为长链菊粉分子在高浓度下可形成菊粉凝胶，这种弱黏弹性凝胶导致淀粉凝胶的黏弹性信号减弱。淀粉凝胶的损耗角正切值（tanδ）表示 G'' 与 G' 的比值，比值大，说明凝胶的黏性占主导作用，流动性就强，比值小则说明弹性占比例相对较大。从图 5-15 中可知，添加了菊粉的淀粉凝胶的 tanδ 值比较小，说明添加了菊粉的淀粉凝胶同样具有弱凝胶性质。图 5-15（a）中，当短链菊粉的添加量低于 10.0％时，淀粉凝胶的 tanδ 值低于纯淀粉凝胶；当其添加量大于 12.5％时，tanδ 值高于纯淀粉凝胶。说明菊粉添加量在较高浓度时，淀粉凝胶的黏性变化速率大于弹性变化速率，凝胶的流动性增强。从 5-15（c）中可知，当添加量为 2.5％和 7.5％时，淀粉凝胶的 tanδ 比较大，相对于纯淀粉凝胶具有较强的流动性。添加量继续增加，tanδ 减小，此时弱凝胶性比较明显。当橡子淀粉中加入半乳甘露聚糖，随着半乳甘露聚糖浓度的增加，淀粉凝胶的 tanδ 值逐渐增加。菊粉的加入与半乳甘露聚糖对淀粉凝胶的影响相类似，但由于分子量和作用方式的不同，对淀粉的黏弹性的影响略有不同。

由图 5-14（b）可知，天然菊粉的加入使 G' 始终低于纯淀粉凝胶，而当添加量为 7.5％时，G'' 达最大值且显著高于纯淀粉凝胶；当添加量超过 12.5％时，G'' 显著高于纯淀粉凝胶。说明加入一定量的天然菊粉降低了淀粉凝胶的黏弹性，而当天然菊粉的添加量较大时，则可以显著增大凝胶体系的黏性模量，而对弹性的影响不显著。这是因为一定添加量的菊粉稀释了淀粉分子的作用，导致凝胶体系的黏弹性减弱。高浓度的菊粉添加量下，菊粉分子可以形成菊粉凝胶，导致淀粉凝胶的黏弹性逐渐升高，其中黏性信号显著增加。由图 5-15（b）也可以看出，当添加量为 5.0％和 7.5％时，凝胶有较大的 tanδ 值，说明此时凝胶体系的黏性变化比弹性变化大，凝胶具有较强的流动性，在贮藏过程中结构组织比较柔软。当添加量为 10.0％时，凝胶拥有最小的黏性模量和最小的损耗角正切值，说明此时淀粉凝胶的流动性差，具有较强的固体特性，呈现出弱凝胶的状态。Chiavaro 的试验也证明了不同聚合度的菊粉均

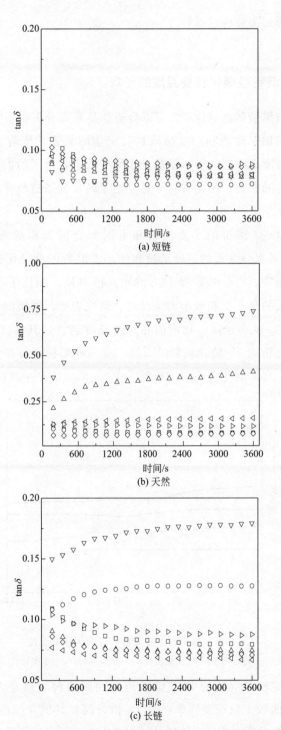

图 5-15　时间扫描下菊粉对淀粉凝胶 tanδ 值的影响

□—0%；○—2.5%；△—5.0%；▽—7.5%；◇—10.0%；◁—12.5%；▷—15.0%

可以显著影响形成凝胶的黏弹性。

5.2.7 菊粉对淀粉玻璃化转变温度的影响

通过差示扫描量热法（DSC）可以分析非晶态高分析物质的玻璃化转变温度，它与物料的加工性能和产品品质具有密切的关系。所谓的玻璃化转变温度，即在这个温度以下时，分子链段处于固定状态，分子的扩散性比较小，整体处于相对稳定的状态。但是在这个温度之上时，分子链段开始运动，体系处于不稳定状态。

图 5-16 为 DSC 测得的小麦淀粉和不同聚合度菊粉的玻璃化转变温度（T_g），含有 10% 水分含量的三种菊粉和纯小麦淀粉的玻璃化转变温度分别为 79.69℃、86.54℃、118.85℃ 和 124.93℃。很明显，相比于小麦淀粉，三种菊粉都具有较低的分子量和较小的结晶度。研究表明，物质的分子量越大，链长越长，它的 T_g 就会越高；物质的相对结晶度越大，其 T_g 值就越大。这就解释了为什么菊粉的 T_g 值比淀粉的要低。就三种菊粉而言，分子量越小、链长越短的菊粉，其玻璃化转变温度越低。

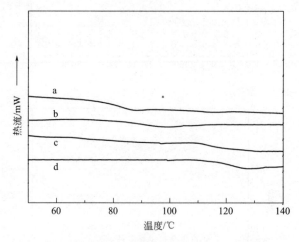

图 5-16 菊粉和小麦淀粉的玻璃化转变温度

a—短链菊粉；b—天然菊粉；c—长链菊粉；d—小麦淀粉

通过菊粉-淀粉共混物的 DSC 曲线可以判断两种物质是否相容，也就是说，如果 DSC 曲线上只观察到单一的 T_g 值，而且其值介于两种纯物质之间，即认为菊粉-淀粉共混物是相容的；如果 DSC 曲线上出现了两个不同的玻璃化转变台阶，则认为菊粉-淀粉共混物是不相容的，有相分离产生。

图 5-17 为菊粉-淀粉共混物的玻璃化转变温度。加入三种菊粉的菊粉-淀粉共混体系的 DSC 曲线上只出现了单一的玻璃化转变峰，且都在小麦淀粉的玻璃化转变温度（124.93℃）以下，说明菊粉-淀粉共混体系是相容的，相互之间可以发生相互作用。

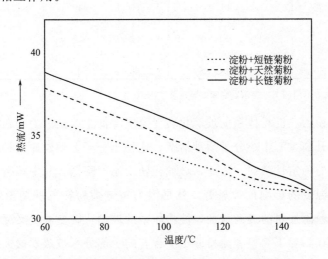

图 5-17　菊粉-淀粉混合样品的 DSC 扫描图谱

表 5-12 为菊粉-淀粉混合体系在 4℃下贮藏 7d 后测得的玻璃化转变温度。由表 5-12 可知，添加了不同量的短链菊粉和天然菊粉后，体系的玻璃化转变温度先降低后升高，并都在添加量为 5.0％时分别达到最小的 T_g 值（110.98℃、109.39℃）。添加了不同量的长链菊粉后，体系的 T_g 值也是先降低后升高的，并在添加量为 10.0％时达到最小值（119.89℃）。三种菊粉的加入都能不同程度地降低小麦淀粉的玻璃化转变温度，这表明在贮藏过程中菊粉可以抑制淀粉的重结晶，并且形成的共混体系的稳定性要比纯淀粉的稳定性差，但是在水分含量基本相同的情况下，体系的玻璃化转变温度还能维持在 100℃以上，也可以说，重结晶形成的复合物体系是相对稳定的。

表 5-12　菊粉-淀粉混合体系在 4℃下贮藏 7d 后的玻璃化转变温度

单位：℃

菊粉添加量 /％	菊粉的类型		
	短链	天然	长链
0	124.93±3.38[a]	124.93±3.38[a]	124.93±3.38[a]
2.5	113.65±0.39[cde]	112.21±4.96[cd]	122.81±2.29[a]
5.0	110.98±2.00[e]	109.39±5.57[d]	121.19±2.96[a]
7.5	111.73±3.71[de]	110.78±2.08[cd]	120.24±2.58[a]

续表

菊粉添加量 /%	菊粉的类型		
	短链	天然	长链
10.0	116.61±5.13[bcd]	111.75±4.43[cd]	119.89±3.89[a]
12.5	118.17±0.31[bc]	116.68±0.03[bc]	121.11±7.08[a]
15.0	117.67±1.20[bc]	116.99±0.24[bc]	121.17±0.49[a]
20.0	119.76±2.10[b]	120.53±3.03[ab]	124.12±2.20[a]
25.0	121.43±0.28[ab]	121.75±0.11[ab]	124.98±1.66[a]
100	79.69±0.32	86.54±0.50	118.85±0.78

注：同一列中不同的字母表示水平间差异显著（$P<0.05$）。

加入菊粉后，淀粉体系的玻璃化转变温度降低主要是因为菊粉属于小分子糖，在温度升高过程中小分子活动活跃，这种小分子运动碰撞淀粉分子链，导致淀粉分子的稳定性减弱，因此，玻璃化转变温度降低。其中短链菊粉对淀粉玻璃化转变温度的影响最为显著，就是因为短链菊粉在三种菊粉中分子量最小。随着菊粉添加量的逐渐增加，淀粉体系的玻璃化转变温度又逐渐升高，这可能是因为在高温下菊粉和淀粉分子中含有的少部分水被蒸发损失掉，引起混合物中水分含量的下降，而水分对淀粉的玻璃化转变温度的影响特别显著。水分含量越低的淀粉，其玻璃化转变温度越高，因此，体系在高菊粉浓度下的玻璃化转变温度会有所升高。

5.2.8　菊粉对淀粉中渗漏直链淀粉的影响

表 5-13 为菊粉对小麦淀粉体系中直链淀粉和支链淀粉含量的影响。由表 5-13 可知，加入菊粉后，直链淀粉含量显著降低，支链淀粉含量显著升高，这主要是因为直链淀粉和支链淀粉分子包含的碘分子数量发生变化（用含碘的溶液进行测定），并不是直链淀粉或支链淀粉的数量发生了变化。直链淀粉含

表 5-13　菊粉对共混体系中直链淀粉和支链淀粉含量的影响

菊粉添加量 /%	直链淀粉/%			支链淀粉/%		
	短链菊粉	天然菊粉	长链菊粉	短链菊粉	天然菊粉	长链菊粉
0	47.91±0.01[c]	47.91±0.01[d]	47.91±0.01[c]	43.99±0.11[a]	43.99±0.11[a]	43.99±0.11[a]
10	46.76±0.21[b]	46.10±0.10[c]	44.71±0.31[b]	45.24±0.21[ab]	45.83±0.70[b]	48.12±0.73[c]
15	44.49±0.00[a]	43.36±0.05[b]	44.49±0.10[a]	47.49±1.36[b]	47.82±0.60[c]	45.13±0.52[ab]
20	44.31±0.05[a]	43.73±0.15[a]	44.09±0.52[a]	47.46±0.43[b]	48.01±0.26[c]	45.87±0.55[b]

注：同一列中不同的字母表示水平间差异显著（$P<0.05$）。

量降低，间接说明菊粉主要是与淀粉中的直链淀粉分子发生作用，导致渗漏直
链淀粉含量降低。支链淀粉含量升高是因为有菊粉存在时，菊粉分子与直链淀
粉发生相互作用，使形成凝胶的直链淀粉网络结构疏松，从而促进了支链淀粉
的重结晶。这与上述 XRD 的结果相一致。有研究表明，糖可以和直链淀粉形
成复合物，从而抑制淀粉的初期老化。除此之外，菊粉中的一些小分子糖（如
葡萄糖、果糖、蔗糖等）也可以降低直链淀粉分子间的碰撞，使直链淀粉的重
结晶受到抑制。当三种菊粉的添加量超过 10％时，直链淀粉与支链淀粉的含
量变化开始变得不显著，这可能是因为高含量的菊粉分子之间发生了相互作
用，形成了菊粉凝胶，从而对直链淀粉分子的影响变弱。

5.2.9　菊粉与淀粉分子间的相互作用力

　　菊粉-淀粉混合物是一个相对复杂的体系，体系中存在着淀粉之间、菊粉
之间以及菊粉-淀粉之间的相互作用。菊粉可与淀粉分子间发生相互作用。但
是要确定是哪种作用力占主导，需要添加各种对菊粉-淀粉凝胶形成具有稳定
或者破坏稳定作用的试剂来确定分子间作用力的类型及强弱。氯化钠的主要作
用是削弱相互作用力中的静电作用，对其中的氢键作用没有影响；脲则会破坏
相互作用力中的氢键作用，但是对静电作用基本没有影响。因此，可选用以上
试剂来判断分子间的作用力类型。

　　从图 5-18 可以看出，随着脲溶液浓度的增加，菊粉-淀粉凝胶的强度迅速

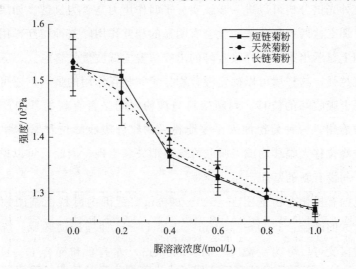

图 5-18　脲溶液对菊粉-淀粉共混体系凝胶强度的影响

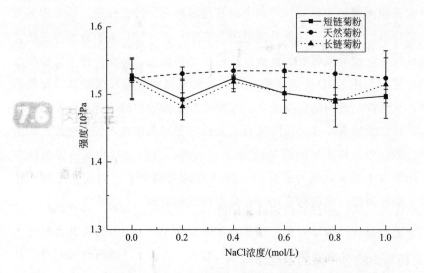

图 5-19　NaCl 溶液对菊粉-淀粉共混体系凝胶强度的影响

下降，在三种菊粉中，短链菊粉-淀粉形成的复合凝胶受脲溶液的影响最显著，其次是天然菊粉，最后是长链菊粉。由图 5-19 可知，随着氯化钠溶液浓度的增加，菊粉-淀粉凝胶的强度值略有轻微的变化，但是强度值变化不明显。综上说明，菊粉与淀粉间主要是通过氢键来相互作用的。

小麦淀粉属于多羟基类高分子，在淀粉分子间和分子内会存在大量的氢键。综合以上试验已经初步证实了菊粉分子和小麦淀粉分子间主要是通过氢键来相互作用的。红外光谱的分析是探讨分子间结构和相互作用的有力手段，混合物的红外光谱分析可以进一步证实分子间作用力是否为氢键。如果两种混合物相容，那么这两种高分子间就会有明显的相互作用，这种相互作用可以在红外光谱图上显示出来。红外吸收峰的出峰位置向低波数位移越大，分子间的氢键作用就越强，这样就可以确定混合物分子间相互作用的强弱，还可以根据红外光谱图上吸收峰的位移，判断菊粉与淀粉之间是否有新的基团产生。由图 5-20 可以看出，三种菊粉加入小麦淀粉后的红外吸收峰位移基本相同，并未发生吸收峰位移大幅移动或者吸收峰突然消失和出现，因此，可以说明菊粉与淀粉分子间没有新的基团产生。

常见的有机化合物基团在 $4000 \sim 670 cm^{-1}$ 范围内有特征基团频率，主要分为 6 个大的区域：$3800 \sim 3200 cm^{-1}$ 表示 O—H 伸缩振动区域，统称为氢键区。氢键区又可以分为游离 O—H（$3600 cm^{-1}$ 左右）和缔合 O—H（$3200 \sim 3600 cm^{-1}$）两类。$3000 \sim 2800 cm^{-1}$ 表示 C—H 区；$2500 \sim 2000 cm^{-1}$ 主要是

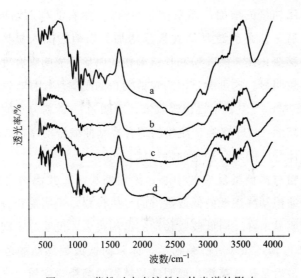

图 5-20　菊粉对小麦淀粉红外光谱的影响

a—淀粉和短链菊粉；b—淀粉和天然菊粉；c—淀粉和长链菊粉；d—纯小麦淀粉

属于三键和累积双键的伸缩振动区；2000～1500cm⁻¹表示双键的伸缩振动区；1500～1300cm⁻¹主要表示 C—H 的弯曲振动；1300～900cm⁻¹表征所有单键和一些含重原子的双键的伸缩振动；900～670cm⁻¹可以指示双键取代程度与类型。通常将以上区域称为官能团区，在这一区域的每个红外吸收峰都对应着一定的官能团。1300～670cm⁻¹主要表征物质的结构，这一区域称为红外光谱中的指纹区，就是比较敏感反应的一部分，一般都是比较尖锐的峰。

表 5-14 是不同添加量菊粉对小麦淀粉红外光谱影响的数据。可以看出，菊粉和淀粉在高频率 3700cm⁻¹左右有一处尖峰，说明体系存在游离的—OH，

表 5-14　菊粉对小麦淀粉吸收峰位移的影响　　　　单位：cm⁻¹

菊粉	添加量/%	游离羟基 O—H	O—H 缔合伸缩振动峰	C—H 伸缩振动	C=O 峰	O—H 弯曲振动	C—H—角振动峰	C—H 弯曲振动
		3600	3600～3000	3000～2800	1700～1500	1500～1400	1400～1200	1200～600
空白	0	3751.38	3339.47	2993.27	1620.92	1412.54	1203.85	1075.12
短链	5	3732.29	3335.75	2996.36	1618.14	1409.87	1202.22	1074.24
	10	3717.53	3332.25	2995.39	1622.17	1411.35	1202.33	1076.4
	15	3711.67	3329.935	2995.33	1616.13	1406.26	1200.72	1076.70
天然	5	3745.52	3335.96	2990.95	1618.36	1411.88	1201.9	1076
	10	3736.87	3335.93	2996.56	1619.22	1409.94	1201.18	1075.17
	15	3723.61	3331.24	2988.96	1617.97	1405.26	1202.53	1077.24
长链	5	3743.67	3335.06	2993.24	1620.39	1408.41	1203.09	1077.78
	10	3729.97	3333.98	2987.72	1621.51	1407.99	1201.53	1073.97
	15	3723.48	3333.47	2994.63	1619.00	1409.09	1201.73	1074.45

并且随着菊粉添加量的增加，体系在 $3700cm^{-1}$ 左右的峰逐渐向低波数移动，说明菊粉加入后，体系的游离氢键数量增加。当菊粉加入量增加至 15% 时，短链菊粉的位移变化比天然菊粉和长链菊粉的明显，表明聚合度越小的菊粉游离氢键增加得越明显。这可能是因为短链菊粉的吸湿性较强，产生的氢键也较多。体系在 $3300cm^{-1}$ 左右呈现出吸收峰，表明菊粉-淀粉分子间除了游离氢键外还有缔合状态的—OH 存在。淀粉的缔合羟基伸缩振动峰在 $3339cm^{-1}$ 左右，为典型的多聚体分子间缔合羟基的特征峰。

羟基是淀粉与多糖类反应的中心，添加菊粉后，共混物之间发生相互作用，其羟基伸缩振动峰逐渐向低波数方向发生位移，说明菊粉分子与淀粉分子间的氢键作用明显增强。向低波数移动的范围越大，说明分子间氢键的作用越强，由表 5-14 可知，加入短链菊粉后，体系向低波数移动的范围最大，其次是天然菊粉，最后是长链菊粉，说明链长越短的菊粉与淀粉分子的氢键作用越强。菊粉与淀粉分子间的氢键作用越大，菊粉-淀粉形成的凝胶稳定性越好，凝胶强度会越高。由表 5-14 还可以看出，除了游离—OH 和缔合—OH 峰有位移变化外，其他吸收峰的位移都比较接近，没有明显的位移变化趋势，说明菊粉与淀粉之间的作用没有产生新的基团，只是发生了氢键之间的作用。

5.3 菊粉对面团及面制品水分性质的影响

5.3.1 菊粉对非发酵面团中水分分配行为的影响

不同聚合度和添加量的菊粉对低筋面团中融化焓变、可冻结水含水率和不可冻结水含水率的影响如表 5-15 所示。从表 5-15 中可以看出，三种菊粉的加入均显著降低了低筋面团中水分融化焓变和可冻结水含水率（$P < 0.05$），不可冻结水含水率则随着菊粉的添加呈逐渐上升的趋势，且菊粉的添加量越多，变化越显著。当三种菊粉的添加量达到 10.0% 时，短链菊粉使低筋面团的水分融化焓变和可冻结水含水率分别较空白组面团降低了 8.67% 和 5.98%，天然菊粉的分别降低了 8.83% 和 6.31%，长链菊粉的分别降低了 13.63% 和 13.18%。

表 5-16 列出了不同聚合度和添加量的菊粉对中筋面团中融化焓变、可冻结水含水率和不可冻结水含水率的影响。与低筋面团相似，随着短链菊粉、天然菊粉和长链菊粉的加入，中筋面团的水分融化焓变和可冻结水含水率也均显

表 5-15　菊粉对低筋面团中水分状态的影响

菊粉	添加量/%	融化焓变 ΔH/(J/g)	可冻结水含水率/%	不可冻结水含水率/%
空白	0	57.31±0.43[a]	43.46±0.35[a]	56.55±0.35[g]
短链	2.5	55.00±0.12[cd]	42.27±0.23[bc]	57.73±0.23[ef]
	5.0	53.76±0.66[de]	42.11±0.43[cd]	57.89±0.43[de]
	7.5	51.13±0.63[f]	39.01±0.01[f]	60.95±0.01[b]
	10.0	52.25±0.39[ef]	40.86±0.27[cde]	59.14±0.27[cde]
天然	2.5	56.70±0.85[ab]	43.42±0.44[a]	56.58±0.44[g]
	5.0	53.72±0.24[de]	42.24±0.11[e]	57.76±0.11[c]
	7.5	53.58±0.38[de]	41.44±0.38[bc]	58.57±0.38[ef]
	10.0	52.25±0.39[ef]	40.86±0.27[cde]	59.14±0.27[cde]
长链	2.5	56.27±0.080[abc]	43.24±0.27[ab]	56.76±0.27[fg]
	5.0	55.21±0.70[bcd]	43.21±0.15[ab]	56.80±0.15[fg]
	7.5	53.54±0.43[de]	41.16±0.32[de]	58.84±0.32[cd]
	10.0	49.50±0.65[g]	37.73±0.55[g]	62.28±0.55[a]

注：同一列中不同的字母表示水平间差异显著（$P<0.05$）。

表 5-16　菊粉对中筋面团中水分状态的影响

菊粉	添加量/%	融化焓变 ΔH/(J/g)	可冻结水含水率/%	不可冻结水含水率/%
空白	0	58.37±0.81[a]	43.08±0.24[a]	56.92±0.26[g]
短链	2.5	56.06±0.73[b]	42.04±0.37[bc]	57.96±0.34[ef]
	5.0	54.64±0.24[c]	41.51±0.07[bcd]	58.49±0.06[def]
	7.5	52.57±0.07[de]	40.46±0.02[e]	59.54±0.01[c]
	10.0	51.90±0.32[de]	40.38±0.43[e]	59.62±0.26[c]
天然	2.5	56.21±0.45[b]	42.1±0.138[ab]	57.81±0.12[fg]
	5.0	54.32±0.63[c]	41.18±0.18[cde]	58.82±0.04[cde]
	7.5	52.84±0.31[d]	40.64±0.10[de]	59.36±0.05[cd]
	10.0	51.40±0.04[ef]	40.28±0.01[e]	59.72±0.03[c]
长链	2.5	56.71±0.08[ab]	42.41±0.03[ab]	57.59±0.02[fg]
	5.0	54.58±0.35[c]	41.53±0.11[bcd]	58.47±0.04[def]
	7.5	50.67±0.02[f]	39.04±0.01[f]	60.96±0.11[b]
	10.0	46.53±0.89[g]	36.42±0.27[g]	63.58±0.25[a]

注：同一列中不同的字母表示水平间差异显著（$P<0.05$）。

著下降（$P<0.05$）。其中，添加长链菊粉的中筋面团的变化最明显，其次是天然菊粉，最后是短链菊粉。当三种菊粉的添加量达到10.0%时，长链菊粉使中筋面团的融化焓变和可冻结水含水率分别较空白面团降低了20.28%和15.46%，天然菊粉的分别降低了11.94%和6.50%，短链菊粉的分别降低了11.08%和6.28%。同时，中筋面团中不可冻结水含水率则随着菊粉浓度的增加逐渐升高，且当三种菊粉的含量分别高于2.5%时，不可冻结水含水率就开始显著高于空白组面团（$P<0.05$）。

表 5-17 显示了不同聚合度和添加量的菊粉对高筋面团中水分状态的影响。随着短链菊粉添加量的增加，高筋面团的水分融化熔变和可冻结水含水率并没有发生明显的变化（10.0％的添加量除外）。当天然菊粉的含量高于 5.0％时，高筋面团的融化熔变和可冻结水含水率与空白面团相比开始有显著的上升（$P < 0.05$）。当菊粉的添加量达到 10.0％时，天然菊粉使高筋面团的融化熔变和可冻结水含水率分别较空白增加了 5.28％和 5.18％。不可冻结水含水率则有显著性的下降（$P < 0.05$），但随着菊粉添加量的进一步增加，不可冻结水含水率无显著性变化。

表 5-17　菊粉对高筋面团中水分状态的影响

菊粉	添加量/％	融化熔变 ΔH/(J/g)	可冻结水含水率/％	不可冻结水含水率/％
空白	0	59.235 ± 0.49^e	44.48 ± 0.44^d	55.53 ± 0.44^a
短链	2.5	60.13 ± 0.06^{bcde}	44.99 ± 0.07^{cd}	55.02 ± 0.07^{ab}
	5.0	60.77 ± 0.48^{abcde}	45.10 ± 0.29^{bcd}	54.90 ± 0.29^{abc}
	7.5	61.97 ± 0.72^{ab}	45.64 ± 0.56^{abcd}	54.37 ± 0.56^{abcd}
	10.0	59.85 ± 0.35^{de}	46.83 ± 0.46^a	53.18 ± 0.46^d
天然	2.5	60.59 ± 0.37^{abcde}	45.84 ± 0.31^{abcd}	54.16 ± 0.31^{abcd}
	5.0	61.94 ± 0.75^{abc}	46.42 ± 0.52^{abc}	53.59 ± 0.52^{bcd}
	7.5	61.58 ± 0.12^{abcd}	46.44 ± 0.11^{abc}	53.56 ± 0.11^{bcd}
	10.0	62.37 ± 0.82^a	46.91 ± 0.58^a	53.09 ± 0.58^d
长链	2.5	61.40 ± 0.49^{abcd}	45.41 ± 0.82^{abcd}	54.59 ± 0.82^{abcd}
	5.0	61.43 ± 0.39^{abcd}	45.13 ± 0.57^{bcd}	54.87 ± 0.57^{abc}
	7.5	60.00 ± 0.87^{cde}	46.56 ± 0.55^{abc}	53.45 ± 0.55^{bcd}
	10.0	59.35 ± 0.71^e	$46.62 + 0.21^{ab}$	$53.38 + 0.21^{cd}$

注：同一列中不同的字母表示水平间差异显著（$P < 0.05$）。

综合表 5-15、表 5-16 和表 5-17 来看，不同聚合度的菊粉均能改变不同品质面团中水分的分布状态，使整个面团体系的水分产生迁移和重新分配，且随着菊粉添加量的增加，这种迁移行为会更加明显。这主要归因于菊粉分子为线性直链多糖，链长较短，溶于水溶液后有大量的羟基暴露在外，因此，具有较强的亲水性，其能与水分子以氢键相结合，从而导致面团中水分子的移动性改变。另外，菊粉的加入会增加水溶液的黏度，从而改变了面团的流变学特性，使得面团中的水分子的运动受到影响。有研究则发现，将胡萝卜多糖加入面团中后引起了面团中亲水基浓度的增加，也会显著影响面团中可冻结水的含量。此外，菊粉的添加会引起面团中蛋白质和淀粉相对含量的降低，从而影响面团的热力学特性。

对于低筋面团和中筋面团来说，长链菊粉的影响最显著，其次是天然菊粉，最后是短链菊粉。产生这种差异性是因为菊粉的聚合度不同，长链菊粉的聚合度较高，分子链长，在水溶液中运动更容易形成空间网络结构，从而降低了水分子的运动。而相同的菊粉含量对不同品质面团的影响程度也不一样，这可以归因于面粉中蛋白质含量的不同，从而导致菊粉同蛋白质和淀粉之间的水分竞争关系不同。研究结果表明，中筋面团的含水率会随着 3% 菊芋菊粉或 6.8% 短链菊粉的添加而显著下降。另外，也有研究证实，短链菊粉的添加显著降低了面团中水分的含量，同时还发现菊粉的良好持水性使得面团在最低的含水量下达到最佳的黏稠度，使面团的结构更加光滑柔软。

在低筋面团和中筋面团中，不可冻结水含水率随着菊粉添加量的增加而逐渐升高。通常认为不可冻结水即面团中的紧密结合水，其冰点较低，甚至在 $-40℃$ 都不结冰。所以，不可冻结水含水率的升高表明菊粉的加入会降低低筋面团和中筋面团中的冰点温度，有利于抑制面团在冷冻过程中冰晶的形成和冻藏过程中冰晶的长大，提高了面团的冷冻稳定性，能够有效地保护面团的结构和质构不受破坏，防止面团开裂，从而提高了面团的贮藏稳定性，并延长了其货架期。

与上述两种结果相比，在表 5-17 中，菊粉对高筋面团产生的差异性影响可能是因为高筋粉的蛋白质含量最高，少量的菊粉添加并不能显著影响面团中蛋白质的含量，但随着菊粉含量的增加，面团中蛋白质的相对含量出现显著的下降，所以整个面团体系中的束水能力出现下降，导致可冻结水含量的轻微上升和不可冻结水含量的轻微下降。

5.3.2　菊粉对非发酵面团水分弛豫时间和峰面积的影响

图 5-21 为通过 CPMG-T_2 脉冲序列及拟合后得到的空白组低筋面团的 T_2 反演示意图。从图 5-21 中可以看出，曲线上有 3 个峰存在，这表明面团中至少存在 3 种状态的水分，分别对应于 T_{21} （0.01~1ms）、T_{22} （1~40ms）和 T_{23} （40~200ms）。T_{21} 表示紧密结合水，主要是水与蛋白质大分子表面极性基团紧密结合的弛豫时间；T_{22} 表示弱结合水，主要是水与淀粉和糖类等大分子连接的弛豫时间；T_{23} 则表示游离在外的自由水的弛豫时间。T_2 值越小表示水分结合得越紧密，面团的持水性越好。同时，拟合计算各峰所覆盖范围的信号幅度，以每个峰的积分面积占总峰面积的百分比表示面团中不同形态水分的相对含量，分别记为 A_{21}、A_{22} 和 A_{23}。其中，弱结合水 A_{22} 的信号幅度所占的百分比最大。

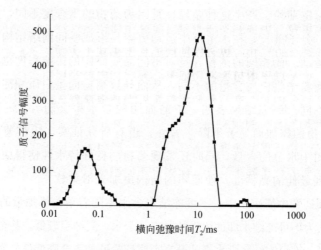

图 5-21　面团的水分横向弛豫时间 T_2 反演图

表 5-18 为不同聚合度和添加量的菊粉对低筋面团中水分弛豫时间（T_2）及对应峰面积百分比（A_2）的影响。由表 5-18 可以看出，随着菊粉添加量的增加，短链菊粉对低筋面团的弛豫时间 T_{21}、T_{22} 均无显著性影响；对于天然菊粉和长链菊粉，不同的添加量对低筋面团的 T_{21} 也无显著性影响，但当天然菊粉和长链菊粉的添加量分别高于 7.5％和 5.0％时，低筋面团的弛豫时间

表 5-18　菊粉对低筋面团水分弛豫时间和峰面积的影响

菊粉	添加量 /%	紧密结合水横向弛豫时间 T_{21}/ms	弱结合水横向弛豫时间 T_{22}/ms	自由水横向弛豫时间 T_{23}/ms	紧密结合水峰面积百分比 A_{21}/%	弱结合水峰面积百分比 A_{22}/%	自由水峰面积百分比 A_{23}/%
空白	0	0.10±0.00[a]	12.33±0.00[a]	100.00±0.00[a]	13.53±0.58[c]	84.73±0.12[a]	1.74±0.13[d]
短链	2.5	0.09±0.00[ab]	12.33±0.00[a]	100.00±0.00[a]	13.775±0.37[bc]	84.37±0.24[ab]	1.86±0.13[d]
	5.0	0.08±0.02[ab]	12.33±0.00[a]	100.00±0.00[a]	14.07±0.45[abc]	83.86±0.42[abcd]	2.08±0.05[bcd]
	7.5	0.08±0.01[ab]	10.83±0.81[abc]	93.49±6.51[b]	14.73±0.31[abc]	82.92±0.21[de]	2.35±0.10[b]
	10.0	0.08±0.00[ab]	10.83±0.81[abc]	93.49±6.51[b]	14.99±0.15[ab]	82.17±0.33[e]	2.84±0.18[a]
天然	2.5	0.08±0.01[ab]	12.33±0.00[a]	93.49±6.51[b]	13.61±0.51[bc]	84.56±0.33[ab]	1.83±0.18[d]
	5.0	0.08±0.00[ab]	12.33±0.00[a]	87.83±5.67[b]	14.04±0.55[abc]	84.05±0.40[abc]	1.92±0.04[cd]
	7.5	0.07±0.02[ab]	11.53±0.81[ab]	87.83±5.67[b]	14.59±0.27[abc]	83.03±0.37[cde]	2.39±0.10[b]
	10.0	0.06±0.00[ab]	9.69±0.64[cd]	86.97±0.85[ab]	14.99±0.42[ab]	82.29±0.29[e]	2.73±0.08[a]
长链	2.5	0.10±0.00[a]	10.72±0.36[abc]	100.00±0.00[a]	14.165±0.64[abc]	84.07±0.56[abc]	1.77±0.08[d]
	5.0	0.08±0.00[ab]	10.02±0.36[bc]	87.83±5.67[b]	14.54±0.27[abc]	83.62±0.03[bcd]	1.84±0.04[d]
	7.5	0.07±0.02[ab]	9.42±0.71[cd]	86.97±0.85[ab]	14.81±0.11[abc]	83.10±0.01[cde]	2.09±0.11[bcd]
	10.0	0.07±0.00[ab]	8.89±0.44[d]	75.65±11.33[b]	15.37±0.23[a]	82.38±0.18[e]	2.25±0.02[bc]

注：同一列中不同的字母表示水平间差异显著（$P < 0.05$）。

T_{22}开始显著小于空白（$P<0.05$），且添加量越多 T_{22} 值越小。低筋面团的弛豫时间 T_{23} 则随着三种菊粉添加量的增加而逐渐下降，其中当长链菊粉的添加量达到 10.0% 时，低筋面团的 T_{23} 降到最小值（75.65ms）。同时，三种菊粉的加入均导致了低筋面团的紧密结合水峰面积百分比 A_{21} 升高和弱结合水峰面积百分比 A_{22} 下降，但变化都不显著（除 10.0% 的添加量外）；而低筋面团的自由水峰面积百分比 A_{23} 则随着三种菊粉添加量的增加均呈上升趋势。

表 5-19 为不同聚合度和添加量的菊粉对中筋面团水分弛豫时间（T_2）及对应峰面积百分比（A_2）的影响。从表 5-19 可以看出，中筋面团的弛豫时间 T_{21} 和 T_{22} 随着短链菊粉和天然菊粉添加量的增加均无显著性变化；不同添加量的长链菊粉对中筋面团的 T_{21} 也无显著性影响，但当添加量高于 2.5% 时，中筋面团的弛豫时间 T_{22} 较空白开始有显著性下降的趋势（$P<0.05$），且添加量越多下降越明显。与表 5-18 中低筋面团的弛豫时间 T_{23} 的变化趋势类似，中筋面团的弛豫时间 T_{23} 也随着三种菊粉的添加而逐渐下降，且当菊粉的添加量为 10.0% 时，中筋面团的 T_{23} 值最小。此外，从表 5-19 中还可以看出，短链菊粉、天然菊粉和长链菊粉的添加使中筋面团的紧密结合水峰面积百分比 A_{21} 升高，而弱结合水峰面积百分比 A_{22} 则下降，但除 10.0% 的长链菊粉添加量外，其他的相对变化都不显著。同时，中筋面团的自由水峰面积百分比 A_{23} 也随着三种菊粉添加量的增加而逐渐升高，且相对空白组中筋面团来说变化显

表 5-19　菊粉对中筋面团水分弛豫时间和峰面积的影响

菊粉	添加量 /%	紧密结合水横向弛豫时间 T_{21}/ms	弱结合水横向弛豫时间 T_{22}/ms	自由水横向弛豫时间 T_{23}/ms	紧密结合水峰面积百分比 A_{21}/%	弱结合水峰面积百分比 A_{22}/%	自由水峰面积百分比 A_{23}/%
空白	0	0.09 ± 0.00^a	10.72 ± 0.01^a	100.00 ± 0.00^a	17.23 ± 0.16^a	81.18 ± 0.19^a	1.6 ± 0.03^g
短链	2.5	0.07 ± 0.02^a	10.72 ± 0.01^a	93.49 ± 6.52^{ab}	17.48 ± 0.32^a	80.77 ± 0.24^{ab}	1.76 ± 0.08^{fg}
	5.0	0.07 ± 0.01^a	10.72 ± 0.01^a	93.49 ± 6.52^{ab}	17.86 ± 0.62^a	79.97 ± 0.46^b	2.19 ± 0.16^{bcd}
	7.5	0.05 ± 0.03^a	10.72 ± 0.01^a	93.49 ± 6.52^{ab}	17.63 ± 0.21^a	80.12 ± 0.25^{ab}	2.25 ± 0.04^{bc}
	10.0	0.06 ± 0.00^a	10.72 ± 0.01^a	86.97 ± 0.00^{ab}	17.63 ± 0.06^a	79.86 ± 0.02^b	2.52 ± 0.08^a
天然	2.5	0.07 ± 0.02^a	10.72 ± 0.01^a	93.49 ± 6.52^{ab}	17.78 ± 0.16^a	80.35 ± 0.15^{ab}	1.88 ± 0.01^{ef}
	5.0	0.07 ± 0.01^a	10.72 ± 0.01^a	86.97 ± 6.52^{ab}	17.61 ± 0.04^a	80.3 ± 0.07^{ab}	2.1 ± 0.01^{cde}
	7.5	0.05 ± 0.00^a	10.72 ± 0.01^a	93.49 ± 6.52^{ab}	17.44 ± 0.01^a	80.3 ± 0.02^{ab}	2.27 ± 0.02^{bc}
	10.0	0.07 ± 0.01^a	10.72 ± 0.01^a	86.97 ± 0.00^{ab}	17.32 ± 0.08^a	80.27 ± 0.04^{ab}	2.41 ± 0.04^{ab}
长链	2.5	0.06 ± 0.01^a	10.72 ± 0.01^a	86.97 ± 0.00^{ab}	17.62 ± 0.54^a	80.63 ± 0.96^{ab}	1.77 ± 0.14^{fg}
	5.0	0.06 ± 0.01^a	9.33 ± 0.01^b	76.38 ± 10.59^{ab}	17.62 ± 0.01^a	80.58 ± 0.48^{ab}	1.8 ± 0.06^{fg}
	7.5	0.05 ± 0.02^a	9.33 ± 0.01^b	76.38 ± 10.59^{ab}	17.69 ± 0.01^a	80.34 ± 0.01^{ab}	1.99 ± 0.01^{def}
	10.0	0.05 ± 0.00^a	8.11 ± 0.01^c	72.10 ± 14.87^b	18.47 ± 0.01^a	79.67 ± 0.01^b	1.87 ± 0.01^{ef}

注：同一列中不同的字母表示水平间差异显著（$P<0.05$）。

著（$P<0.05$）。

　　不同聚合度和添加量的菊粉对高筋面团的水分弛豫时间（T_2）及对应峰面积百分比（A_2）的影响如表 5-20 所示。随着菊粉添加量的增加，短链菊粉对高筋面团的弛豫时间 T_{21} 无显著性影响，但当添加量高于 5.0%时，高筋面团的弛豫时间 T_{22} 开始显著小于空白（$P<0.05$）；对于天然菊粉和长链菊粉，不同的添加量对高筋面团的弛豫时间 T_{21} 也无显著性影响，但当添加量高于 2.5%时，高筋面团的弛豫时间 T_{22} 开始显著小于空白（$P<0.05$），且长链菊粉的添加量越多，高筋面团的 T_{22} 值越小。同时，高筋面团的弛豫时间 T_{23} 也随着三种菊粉的添加逐渐下降；其中，长链菊粉的影响最显著，当添加量达到 10.0%时，高筋面团的 T_{23} 值较空白降低了 21.18ms。此外，从表 5-20 中还可以看出，三种菊粉的加入均导致高筋面团的紧密结合水峰面积百分比 A_{21} 下降和弱结合水峰面积百分比 A_{22} 上升，且添加量越多，变化越明显；而高筋面团的自由水峰面积百分比 A_{23} 则随着三种菊粉添加量的增加呈逐渐上升的趋势。

表 5-20　菊粉对高筋面团水分弛豫时间和峰面积的影响

菊粉	添加量/%	紧密结合水横向弛豫时间 T_{21}/ms	弱结合水横向弛豫时间 T_{22}/ms	自由水横向弛豫时间 T_{23}/ms	紧密结合水峰面积百分比 A_{21}/%	弱结合水峰面积百分比 A_{22}/%	自由水峰面积百分比 A_{23}/%
空白	0	0.09±0.00ª	14.17±0.01ª	86.97±0.00ª	19.73±0.11ª	79.48±0.17ᵈ	0.79±0.06ᵉ
短链	2.5	0.08±0.00ª	14.17±0.00ª	86.97±0.00ª	19.51±0.17ª	79.67±0.15ᵈ	0.83±0.01ᵈᵉ
	5.0	0.06±0.03ª	14.17±0.01ª	75.65±3.25ᵃᵇ	18.63±0.32ᵇᶜᵈ	80.38±0.32ᶜ	1.00±0.01ᵃᵇᶜᵈᵉ
	7.5	0.06±0.00ª	12.33±0.01ᵇ	75.65±3.25ᵃᵇ	18.44±0.13ᵇᶜᵈ	80.43±0.11ᶜ	1.14±0.02ᵃᵇᶜᵈ
	10.0	0.06±0.00ª	10.72±0.02ᶜ	75.65±0.00ᵃᵇ	18.05±0.05ᵈᵉ	80.74±0.16ᵇᶜ	1.215±0.02ᵃᵇ
天然	2.5	0.05±0.01ª	14.17±0.01ª	86.97±0.00ª	18.72±0.20ᵇ	80.42±0.07ᶜ	0.87±0.05ᶜᵈᵉ
	5.0	0.08±0.00ª	12.33±0.01ᵇ	86.97±0.00ª	18.35±0.17ᵇᶜᵈ	80.58±0.30ᵇᶜ	1.08±0.09ᵃᵇᶜᵈᵉ
	7.5	0.07±0.02ª	12.33±0.01ᵇ	75.65±3.25ᵃᵇ	18.12±0.10ᶜᵈᵉ	80.69±0.01ᵇᶜ	1.19±0.11ᵃᵇᶜ
	10.0	0.06±0.00ª	12.33±0.01ᵇ	75.65±3.25ᵃᵇ	17.67±0.24ᵉᶠ	81.08±0.23ᵃᵇ	1.26±0.15ᵃᵇ
长链	2.5	0.08±0.01ª	10.72±0.01ᶜ	75.65±0.00ᵃᵇ	18.66±0.27ᵇᶜ	80.40±0.16ᶜ	0.95±0.02ᵇᶜᵈᵉ
	5.0	0.06±0.00ª	10.72±0.01ᶜ	65.79±8.42ᶜ	18.30±0.06ᵇᶜᵈ	80.59±0.06ᵇᶜ	1.12±0.25ᵃᵇᶜᵈᵉ
	7.5	0.06±0.02ª	9.33±0.01ᵈ	65.79±8.42ᶜ	17.72±0.06ᵉᶠ	81.08±0.15ᵃᵇ	1.21±0.05ᵃᵇ
	10.0	0.07±0.00ª	9.33±0.02ᵈ	65.79±8.42ᶜ	17.25±0.13ᶠ	81.45±0.02ᵃ	1.30±0.05ᵃ

注：同一列中不同的字母表示水平间差异显著（$P<0.05$）。

　　综合表 5-18、表 5-19 和表 5-20 来看，三种菊粉的添加对低筋面团、中筋面团和高筋面团的弛豫时间 T_{21} 均无显著性影响，但却均降低了低筋面团、中筋面团和高筋面团的弛豫时间 T_{23}，表明菊粉的添加增强了面团体系对自由水的束缚力，从而导致这部分水的自由度下降。这可以归因于菊粉具有较强的亲水性和持水性，其分子链上的羟基与水分子可以通过质子交换降低水分子流动性，从而减小了弛豫时间，且菊粉的添加量越多，对水分子流动性的抑制能力就越强，自由水的弛豫时间 T_{23} 下降得就越快。其中，高筋面团的弛豫时间 T_{23} 的变化最明显，其次是中筋面团，最后是低筋面团。

此外，三种菊粉的加入均引起了低筋面团和中筋面团中弱结合水向自由水和紧密结合水的方向迁移，从而导致弱结合水含量的下降、紧密结合水与自由水含量的升高。弱结合水主要是由面团中的淀粉与水分子间的相互作用产生的，其含量下降表示两者间的相互作用减弱。在面团搅拌的过程中，相对于淀粉分子来说，菊粉的分子量较小，因此，会作为一种稀释物质在淀粉颗粒的周围形成一种障碍，此时，菊粉由于吸水作用而占据了一部分水分，使得淀粉颗粒周围的水分分配量下降，从而延缓了淀粉颗粒的吸水膨胀。通常认为，紧密结合水主要是由面团中的蛋白质与水分子的相互作用产生的，其含量上升表示二者之间的相互作用加强。在面筋网络结构形成的过程当中，菊粉会与面团中的面筋蛋白以氢键和疏水方式相结合，从而形成更加致密的网络结构，增强了对水分子的截留能力。但对于高筋面团来说，三种菊粉的添加均引起了紧密结合水向弱结合水和自由水的方向移动，从而导致紧密结合水含量下降，弱结合水和自由水含量上升。产生以上差异可能是因为高筋粉的蛋白质含量较高，菊粉的添加显著影响了蛋白质与水分子的结合力，从而导致网络结构对水分子的截留能力相对减弱，产生紧密结合水下降的现象。

对于三种菊粉，在引起低筋面团和中筋面团自由水含量上升方面，加入短链菊粉和天然菊粉的面团的自由水含量变化大于长链菊粉；而在引起紧密结合水上升方面，加入长链菊粉的面团的紧密结合水含量变化大于短链菊粉和天然菊粉，出现这种差异性的原因可能是因为短链菊粉和天然菊粉的聚合度相似，而长链菊粉的聚合度高（平均 DP≥23），分子量相对较大，疏水性也会随之增强，且其分子链上含有的羟基数量高于短链菊粉和天然菊粉。因此，长链菊粉对淀粉的包裹作用会更强，同时，长链菊粉在提高面筋网络致密性和面筋蛋白乳化活性能力方面也均强于短链菊粉和天然菊粉。

菊粉对不同品质面粉在面团形成过程中水分迁移行为的影响可采用 DSC 和 NMR 等方法进行分析，其结果的相关性分析如表 5-21 所示。DSC 测得的低筋面团、中筋面团和高筋面团的可冻结水含水率与 NMR 测得的紧密结合水

表 5-21　DSC 和 NMR 测定面团中水分形态结果的相关性分析

面团类型	水分类型	紧密结合水横向弛豫时间 T_{21}	弱结合水横向弛豫时间 T_{22}	自由水横向弛豫时间 T_{23}	紧密结合水峰面积百分比 A_{21}	弱结合水峰面积百分比 A_{22}	自由水峰面积百分比 A_{23}
低筋面团	可冻结水含水率	−0.442	0.375	0.280	−0.717**	0.827**	0.870**
	不可冻结水含水率	0.442	−0.375	0.280	0.717**	−0.827**	−0.870**
中筋面团	可冻结水含水率	−0.676*	0.764**	0.727**	−0.702*	0.743**	0.297
	不可冻结水含水率	0.676*	−0.764**	−0.727**	0.702*	−0.743**	−0.297
高筋面团	可冻结水含水率	−0.395	0.553*	0.343	−0.849**	0.839**	0.820**
	不可冻结水含水率	0.395	−0.553*	0.343	0.849**	−0.839**	−0.820**

注：* 表示在 $P<0.05$ 水平上显著，** 表示在 $P<0.01$ 水平上显著。

峰面积百分比 A_{21} 呈极显著负相关，分别为 $r=-0.717$、$r=-0.702$ 和 $r=-0.849$（$P<0.01$），与弱结合水峰面积百分比 A_{22} 呈极显著正相关（低筋面团 $r=0.827$，中筋面团 $r=0.743$，高筋面团 $r=0.839$，$P<0.01$），与自由水峰面积百分比 A_{23} 也呈极显著正相关（低筋面团 $r=0.870$，高筋面团 $r=0.820$，$P<0.01$）；同时，DSC 测得的中筋面团的可冻结水含水率与 NMR 测得的横向弛豫时间 T_{21} 呈显著性负相关（$r=-0.676$，$P<0.05$），与弛豫时间 T_{22} 和 T_{23} 则呈极显著正相关，分别为 $r=0.764$ 和 $r=0.727$（$P<0.01$），高筋面团的可冻结水含水率与弛豫时间 T_{22} 也呈显著正相关（$r=0.553$，$P<0.05$）。这些结果表明，DSC 测得的 3 种面团中可冻结水百分比的变化趋势与 NMR 测得的弱结合水峰面积百分比 A_{22} 的变化趋势一致，不可冻结水的百分比与紧密结合水的峰面积百分比 A_{21} 也具有相同的变化趋势。

5.3.3　菊粉对发酵面团中水分分配行为的影响

表 5-22 列出了不同聚合度和添加量的菊粉对低筋发酵面团融化焓变、可冻结水含水率和不可冻结水含水率的影响。从表 5-22 中可以看出，低筋发酵面团的水分融化焓变均随着三种菊粉的添加而逐渐下降。其中，添加短链菊粉的低筋发酵面团的水分融化焓变下降得最明显，其次是长链菊粉，最后是天然菊粉。当短链菊粉和天然菊粉的添加量分别超过 7.5% 和 5.0% 时，低筋发酵面团的融化焓变的降低变得不显著；当三种菊粉的添加量均达到 10.0% 时，

与空白组相比，短链菊粉使低筋发酵面团的水分融化焓变降低了12.95%，天然菊粉的降低了11.71%，长链菊粉的降低了12.30%。同时，随着三种菊粉的添加，低筋发酵面团的可冻结水含水率也呈下降趋势，而不可冻结水含水率呈上升趋势。但与低筋生面团相比，经发酵过后的低筋面团的水分融化焓变和可冻结水含水率增加，不可冻结水含水率下降。随着短链菊粉和长链菊粉的加入，水分融化焓变和可冻结水含水率的变化先增加后降低，当短链菊粉和天然菊粉的添加量分别为5.0%和2.5%时，水分融化焓变值达到最大值；而加入长链菊粉的面团的水分融化焓变值则没有显著的变化（2.5%的添加量除外）。对于可冻结水含水率和不可冻结水含水率，当短链菊粉、天然菊粉和长链菊粉的添加量均达到10.0%时，与空白组低筋发酵面团相比，添加菊粉的发酵面团的可冻结水含水率与不可冻结水含水率之比分别降低了12.22%、13.90%和14.93%。

表 5-22　菊粉对低筋发酵面团中水分状态的影响

菊粉	添加量/%	融化焓变 ΔH/(J/g)	可冻结水含水率/%	不可冻结水含水率/%
空白	0	60.31±1.15[a]	44.88±0.90[a]	55.12±0.90[e]
短链	2.5	57.20±0.08[cd]	43.20±0.14[b]	56.80±0.14[d]
	5.0	56.76±0.10[de]	43.140±0.14[bc]	56.86±0.14[d]
	7.5	53.13±0.06[hi]	42.47±0.08[bcd]	57.53±0.08[bcd]
	10.0	52.50±0.51[i]	41.68±0.35[de]	58.32±0.35[ab]
天然	2.5	59.10±0.32[ab]	42.54±0.19[bcd]	57.46±0.19[bcd]
	5.0	55.72±0.33[ef]	42.89±0.33[bc]	57.11±0.33[cd]
	7.5	55.28±0.18[fg]	41.89±0.20[cde]	58.11±0.20[abc]
	10.0	53.25±0.11[hi]	41.21±0.09[e]	58.79±0.09[a]
长链	2.5	58.17±0.25[bc]	42.66±0.06[bcd]	57.34±0.06[bcd]
	5.0	55.89±0.24[ef]	42.98±0.18[bc]	57.02±0.18[cd]
	7.5	54.24±0.17[gh]	42.66±0.58[bcd]	57.34±0.58[bcd]
	10.0	52.89±0.23[i]	40.92±0.01[e]	59.08±0.01[a]

注：同一列中不同的字母表示水平间差异显著（$P<0.05$）。

不同聚合度和添加量的菊粉对中筋发酵面团的融化焓变、可冻结水含水率和不可冻结水含水率的影响如表5-23所示。与菊粉对低筋发酵面团的影响相似，短链菊粉、天然菊粉和长链菊粉的加入也均显著降低了中筋发酵面团的水分融化焓变和可冻结水含水率（$P<0.05$），且添加量越多下降程度越明显；而不可冻结水含水率则随着菊粉的添加呈上升趋势。当菊粉的添加量达到10.0%时，与空白组中筋发酵面团相比，添加短链菊粉的水分融化焓变和可冻

表 5-23　菊粉对中筋发酵面团中水分状态的影响

菊粉	添加量/%	融化焓变 ΔH/(J/g)	可冻结水含水率/%	不可冻结水含水率/%
空白	0	62.26 ± 0.01^a	45.73 ± 0.02^a	54.27 ± 0.03^e
短链	2.5	58.54 ± 0.06^b	43.73 ± 0.31^{abc}	56.27 ± 0.30^{cde}
	5.0	56.03 ± 0.28^{bc}	42.10 ± 0.09^{bcd}	57.90 ± 0.05^{bcd}
	7.5	52.90 ± 0.06^{def}	40.71 ± 0.02^{de}	59.29 ± 0.03^{ab}
	10.0	51.48 ± 1.30^{ef}	40.24 ± 0.38^{de}	59.76 ± 0.38^{ab}
天然	2.5	58.4 ± 0.32^b	44.19 ± 0.09^{ab}	55.81 ± 0.09^{de}
	5.0	54.50 ± 0.87^{cd}	41.56 ± 0.26^{cde}	58.44 ± 0.30^{abc}
	7.5	52.41 ± 0.35^{def}	40.47 ± 0.11^{de}	59.53 ± 0.16^{ab}
	10.0	50.21 ± 0.10^f	39.60 ± 0.33^e	60.40 ± 0.30^a
长链	2.5	58.24 ± 0.42^b	43.52 ± 0.12^{abc}	56.48 ± 0.08^{cde}
	5.0	53.63 ± 0.22^{cde}	41.20 ± 0.06^{de}	58.80 ± 0.29^{ab}
	7.5	51.65 ± 0.39^{def}	39.91 ± 0.13^{de}	60.09 ± 0.51^{ab}
	10.0	50.55 ± 0.36^f	39.60 ± 0.10^e	60.40 ± 0.07^a

注：同一列中不同的字母表示水平间差异显著（$P<0.05$）。

结水含水率分别降低了 17.31% 和 12.01%，添加天然菊粉的分别降低了 19.35% 和 13.40%，添加长链菊粉的分别降低了 18.81% 和 13.40%。

中筋面团经过发酵后，面团的水分融化焓变也有所上升，但随着菊粉的添加，中筋发酵面团的水分融化焓变和可冻结水含水率的变化幅度逐渐减小。当短链菊粉和天然菊粉的添加量分别为 7.5% 和 5.0% 时，中筋发酵面团的融化焓变和可冻结水含水率的变化幅度已经降到了最小；随着菊粉添加量的进一步增加，可冻结水含水率则开始有轻微的下降，但是下降程度并不明显（$P>0.05$）。当短链菊粉和天然菊粉的添加量分别达到 10.0% 时，可冻结水含水率和不可冻结水含水率之比较空白发酵面团降低了 20.08% 和 22.19%；但是当长链菊粉的添加量超过 2.5% 时，中筋发酵面团的可冻结水含水率开始下降，而不可冻结水含水率开始增加，当添加量达到 10.0% 时，可冻结水含水率和不可冻结水含水率之比较空白发酵面团降低了 22.19%。

总的来说，低筋面团和中筋面团经过发酵后，水分融化焓变和可冻结水含水率均有所上升，这可以归因于面团在发酵过程中，酵母进行旺盛的有氧呼吸而产生的一部分自由水，从而增加了面团中的可冻结水含水率，同时，产生的水分也是发酵面团变软的主要原因。此外，部分淀粉在发酵过程中会发生水解，也会释放一小部分水，从而导致可冻结水含水率的上升。但随着三种菊粉的添加，可冻结水含水率的变化值越来越小，这可以归因于短链菊粉和天然菊粉的聚合度较低，且含有一定的葡萄糖和果糖，能够被酵母所利用，从而加快了面团的发酵过程的进行，在后期的酵母大量繁殖期将利用面团中产生的部分自由水分，导致面团中可冻结水含水率的变化逐渐降低，而且菊粉的添加量越多，这种影响越显著。

对于长链菊粉，由于其聚合度较高，且葡萄糖和果糖的含量较少，不能被酵母所利用，所以与发酵前的面团相比，其对低筋发酵面团和中筋发酵面团的影响最小。推测在发酵过程中，长链菊粉能更好地限制水分的流动，降低了水分发生迁移的机会，导致可冻结水含水率与不可冻结水含水率的变化值也最小。

5.3.4　菊粉对发酵面团水分弛豫时间和峰面积的影响

表 5-24 显示了不同聚合度和添加量的菊粉对低筋发酵面团的弛豫时间 T_2 及对应峰面积百分比 A_2 的影响。由表 5-24 可以看出，随着菊粉添加量的增加，三种菊粉对低筋发酵面团的弛豫时间 T_{21} 均无显著性影响；同时，短链菊粉和天然菊粉对低筋发酵面团的 T_{22} 和 T_{23} 也均无显著性影响（10.0% 添加量的除外）；对于长链菊粉，当添加量高于 5.0% 时，低筋发酵面团的弛豫时间 T_{22} 和 T_{23} 则开始显著小于空白组低筋面团的（$P < 0.05$），且添加量越多 T_{22} 和 T_{23} 越小。从表 5-24 中还可以得出，三种菊粉的加入均导致了低筋发酵面团的紧密结合水峰面积百分比 A_{21} 的上升和弱结合水峰面积百分比 A_{22} 的下降，但是短链菊粉对 A_{21} 的变化影响不显著。当天然菊粉的添加量为 10.0% 和长链菊粉的添加量高于 7.5% 时，A_{21} 的变化才开始显著。对于弱结合水峰面积百分比 A_{22}，当三种菊粉的添加量分别高于 5.0%、5.0% 和 2.5% 时，低筋发酵面团的 A_{22} 则开始显著低于空白组的（$P < 0.05$）；而低筋发酵面团的自由水峰面积百分比 A_{23} 则随着三种菊粉的添加均呈上升趋势，其中短链菊粉的影响最明显，其次是天然菊粉，最后是长链菊粉。

与表 5-18 中的数据相比，发酵前后低筋面团的弛豫时间 T_{21}、T_{22} 和 T_{23} 均有所下降，但变化都不显著。同时，随着菊粉添加量的增加，弱结合水峰面积百分比 A_{22} 也呈下降趋势，但变化也不显著；而紧密结合水峰面积百分比 A_{21} 和自由水峰面积百分比 A_{23} 则呈上升趋势，其中，自由水峰面积百分比 A_{23} 的变化最显著，且随着菊粉添加量的增加，这种趋势更为明显。当短链菊粉的添加量达到 10.0% 时，使得低筋发酵面团的 A_{23} 较未发酵的面团的 A_{23} 升高了 95.65%。

表 5-24　菊粉对低筋发酵面团水分弛豫时间和峰面积的影响

菊粉	添加量/%	紧密结合水横向弛豫时间 T_{21}/ms	弱结合水横向弛豫时间 T_{22}/ms	自由水横向弛豫时间 T_{23}/ms	紧密结合水峰面积百分比 A_{21}/%	弱结合水峰面积百分比 A_{22}/%	自由水峰面积百分比 A_{23}/%
空白	0	0.08±0.01[a]	11.53±0.00[a]	100.00±0.00[a]	13.27±0.09[de]	84.89±0.12[a]	1.84±0.03[g]
短链	2.5	0.07±0.01[a]	11.53±0.00[a]	93.49±6.51[ab]	13.21±0.21[de]	84.74±0.12[ab]	2.05±0.09[efg]
	5.0	0.07±0.00[a]	11.53±0.00[a]	87.82±0.00[abc]	13.04±0.23[e]	84.55±0.15[ab]	2.41±0.04[cd]
	7.5	0.07±0.01[a]	10.72±0.92[ab]	86.97±0.00[abc]	13.52±0.16[cde]	83.56±0.09[cd]	2.92±0.04[b]
	10.0	0.06±0.00[a]	10.02±0.80[ab]	86.97±6.51[bc]	13.19±0.13[de]	83.21±0.21[def]	3.60±0.06[a]
天然	2.5	0.08±0.01[a]	11.53±0.00[a]	87.82±0.00[abc]	13.14±0.23[de]	84.72±0.14[ab]	2.14±0.04[ef]
	5.0	0.08±0.01[a]	10.72±0.80[ab]	87.82±0.00[abc]	13.42±0.21[cde]	84.51±0.13[ab]	2.07±0.03[efg]
	7.5	0.07±0.03[a]	10.72±0.00[ab]	81.31±5.67[bc]	13.85±0.12[bcd]	83.72±0.17[c]	2.43±0.10[cd]
	10.0	0.06±0.01[a]	9.33±0.00[bc]	81.31±5.67[bc]	14.08±0.19[abc]	83.05±0.18[ef]	2.87±0.15[b]
长链	2.5	0.08±0.02[a]	10.02±0.70[ab]	86.97±0.00[abc]	13.62±0.31[bcde]	84.45±0.12[ab]	1.93±0.07[fg]
	5.0	0.07±0.02[a]	10.02±0.00[ab]	81.31±5.67[bc]	13.77±0.24[bcde]	84.27±0.19[b]	1.96±0.05[fg]
	7.5	0.06±0.01[a]	9.33±0.70[bc]	75.65±5.67[c]	14.31±0.27[ab]	83.43±0.21[cde]	2.26±0.03[de]
	10.0	0.06±0.01[a]	8.11±0.00[c]	75.65±5.67[c]	14.68±0.31[a]	82.77±0.09[f]	2.55±0.18[c]

注：同一列中不同的字母表示水平间差异显著（$P<0.05$）。

　　不同聚合度和添加量的菊粉对中筋发酵面团的水分弛豫时间 T_2 及对应峰面积百分比 A_2 的影响如表 5-25 所示。短链菊粉和天然菊粉的加入对中筋发酵面团的弛豫时间 T_{21}、T_{22} 和 T_{23} 均无显著性影响，只有当天然菊粉的添加量为 10.0% 时，中筋发酵面团的 T_{23} 才显著小于空白组。对于长链菊粉，不同的添加量对中筋发酵面团的 T_{21} 和 T_{22}（10.0% 的添加量除外）也无显著性影响，但当添加量高于 5.0% 时，中筋发酵面团的 T_{23} 则开始显著小于空白组（$P<0.05$），且添加量越多 T_{23} 越小。当长链菊粉的添加量为 10.0% 时，中筋发酵面团的 T_{23} 较空白组降低了 29.63%。同时，随着三种菊粉的添加，中筋发酵面团的紧密结合水峰面积百分比 A_{21} 逐渐上升，但变化不显著（10.0% 的短链菊粉除外）；弱结合水峰面积百分比 A_{22} 逐渐下降，且当三种菊粉的添加量分别高于 5.0%、5.0% 和 7.5% 时，弱结合水峰面积百分比 A_{22} 则开始显著低于空白组（$P<0.05$）。而自由水峰面积百分比 A_{23} 则呈现上升的趋势。此外，与表 5-19 相比，中筋发酵面团的 T_{21}、T_{22} 和 T_{23} 也无显著性变化。而紧密结合水峰面积百分比 A_{21} 则有轻微的下降，弱结合水峰面积百分比 A_{22} 和自由水峰面积百分比 A_{23} 则增加，尤其是自由水峰面积百分比的变化最显著。其中，添加短链菊粉的变化最显著，其次是天然菊粉，最后是长链菊粉。当三种菊粉的添加量为 10.0% 时，与未发酵前相比，短链菊粉使中筋发酵面团的 A_{23} 增加了 71.78%，天然菊粉的增加了 74.23%，长链菊粉的增加了 39.26%。

表 5-25　菊粉对中筋发酵面团水分弛豫时间和峰面积的影响

菊粉	添加量/%	紧密结合水横向弛豫时间 T_{21}/ms	弱结合水横向弛豫时间 T_{22}/ms	自由水横向弛豫时间 T_{23}/ms	紧密结合水峰面积百分比 A_{21}/%	弱结合水峰面积百分比 A_{22}/%	自由水峰面积百分比 A_{23}/%
空白	0	0.08 ± 0.01^a	9.33 ± 0.70^a	93.49 ± 0.00^a	17.25 ± 0.13^{bc}	81.12 ± 0.34^a	1.63 ± 0.06^f
短链	2.5	0.07 ± 0.02^a	9.33 ± 0.70^a	93.49 ± 0.00^a	17.66 ± 0.38^{abc}	80.54 ± 0.12^{abc}	1.80 ± 0.10^f
	5.0	0.07 ± 0.00^a	9.33 ± 0.00^a	86.97 ± 6.52^{ab}	17.74 ± 0.17^{abc}	79.91 ± 0.23^{bcde}	2.35 ± 0.09^{bcd}
	7.5	0.05 ± 0.01^a	9.33 ± 0.00^a	86.97 ± 6.52^{ab}	18.04 ± 0.23^{ab}	79.33 ± 0.39^{de}	2.63 ± 0.11^{abc}
	10.0	0.06 ± 0.01^a	9.33 ± 0.00^a	81.31 ± 5.67^{abc}	18.29 ± 0.22^a	78.91 ± 0.34^e	2.80 ± 0.27^{ab}
天然	2.5	0.08 ± 0.01^a	9.33 ± 0.70^a	93.49 ± 0.00^a	17.74 ± 0.32^{abc}	80.24 ± 0.32^{abcd}	2.02 ± 0.06^{def}
	5.0	0.06 ± 0.01^a	9.33 ± 0.70^a	86.97 ± 6.52^{ab}	17.98 ± 0.03^{ab}	79.64 ± 0.23^{cde}	2.38 ± 0.07^{bcd}
	7.5	0.05 ± 0.01^a	9.33 ± 0.00^a	86.97 ± 6.52^{ab}	17.41 ± 0.12^{bc}	80.00 ± 0.33^{abcde}	2.59 ± 0.23^{abc}
	10.0	0.05 ± 0.01^a	9.33 ± 0.00^a	75.65 ± 5.67^{bc}	16.98 ± 0.23^c	80.18 ± 0.25^{abcd}	2.84 ± 0.25^a
长链	2.5	0.05 ± 0.01^a	9.33 ± 0.00^a	86.97 ± 0.00^{ab}	17.33 ± 0.28^{bc}	80.86 ± 0.28^{ab}	1.81 ± 0.03^f
	5.0	0.05 ± 0.01^a	8.11 ± 0.61^{ab}	75.65 ± 5.67^{bc}	17.51 ± 0.32^{abc}	80.63 ± 0.23^{abc}	1.86 ± 0.06^{ef}
	7.5	0.05 ± 0.00^a	8.11 ± 0.61^{ab}	75.65 ± 0.00^{bc}	17.67 ± 0.21^{abc}	80.01 ± 0.42^{abcde}	2.32 ± 0.04^{cd}
	10.0	0.05 ± 0.00^a	7.05 ± 0.53^b	65.79 ± 4.93^a	18.04 ± 0.19^{ab}	79.69 ± 0.56^{cde}	2.27 ± 0.03^{cde}

注：同一列中不同的字母表示水平间差异显著（$P<0.05$）。

综合表 5-24 和表 5-25 可以看出，经发酵后，低筋发酵面团和中筋发酵面团的弛豫时间 T_{21} 和 T_{22} 均无显著性变化，且三种菊粉的添加对发酵面团的 T_{21} 和 T_{22} 的变化也无显著性影响。发酵前后，T_{21} 基本保持在 $0.06\sim0.10\rm{ms}$ 之间，T_{22} 基本保持在 $7\sim12\rm{ms}$ 之间，说明面团发酵和菊粉的添加对面团中结合水的自由度影响较小，这可能是因为面团的发酵过程其实是整个面筋网络结构充分延伸的阶段。在这个过程中，与面团中的蛋白质、淀粉等大分子表面依据氢键结合得相对紧密的水分的流动性很小。对于弛豫时间 T_{23}，其相对变化会更显著一些，随着不同聚合度菊粉的添加，T_{23} 逐渐下降。因此，研究发酵面团中自由水的变化状态对于发酵面团是具有重要意义的。

此外，发酵过后，三种菊粉的加入均使低筋面团和中筋面团中的紧密结合水向弱结合水和自由水方向迁移，导致紧密结合水含水率的下降，弱结合水和自由水含水率的升高，且菊粉的添加量越多，变化越明显。这主要是因为面团在发酵过程中，面筋蛋白的二硫键和巯基会发生重排和组合。而菊粉的加入会降低面团中蛋白质的相对含量，从而降低了发酵面团中二硫键的含量，导致面筋网络的持水能力下降。长链菊粉能够影响蛋白质的折叠与聚集，从而形成更致密和更均匀的蛋白质网络结构。因此，加入长链菊粉的面团的紧密结合水的变化值最低。同时，由于中筋面团的蛋白质含量高于低筋面团，所以菊粉的添加对中筋发酵面团的影响大于低筋发酵面团。而对于自由水含水率的上升，则是由于在发酵过程中，短链菊粉和天然菊粉能被酵母所利用，所以菊粉的聚合度越低，对自由水含水率的影响越大。

表 5-26 列出了 DSC 和 NMR 两种测定方法分析菊粉对发酵面团中水分迁移行为影响的相关性分析。DSC 测定的低筋发酵面团的可冻结水含水率与 NMR 测得的紧密结合水峰面积百分比 A_{21} 呈明显负相关（$r=-0.575$，$P<0.05$），与弱结合水峰面积百分比 A_{22} 呈极显著正相关（$r=0.835$，$P<0.01$），与自由水峰面积百分比 A_{23} 则呈显著正相关（$r=0.641$，$P<0.05$）；同时，DSC 测定的中筋发酵面团的可冻结水含水率与 NMR 测得的紧密结合水峰面积百分比 A_{21} 也呈明显负相关（$r=-0.577$，$P<0.05$），与弱结合水峰面积百分比 A_{22} 和自由水峰面积百分比 A_{23} 呈显著正相关（$r=0.682$，$P<0.05$）和极显著正相关（$r=0.796$，$P<0.01$）。这些关系表明，DSC 测定的低筋发酵面团和中筋发酵面团中的水分形态与 NMR 测得的水分分布结果相同：发酵面团中的可冻结水含水率与弱结合水峰面积百分比 A_{22} 和自由水峰面积百分比 A_{23} 的变化趋势一致，而不可冻结水含水率与紧密结合水峰面积百分比 A_{21} 的变化趋势也一致。

表 5-26　DSC 和 NMR 测定发酵面团中水分形态结果的相关性分析

面团种类	水分类型	紧密结合水横向弛豫时间 T_{21}	弱结合水横向弛豫时间 T_{22}	自由水横向弛豫时间 T_{23}	紧密结合水峰面积百分比 A_{21}	弱结合水峰面积百分比 A_{22}	自由水峰面积百分比 A_{23}
低筋发酵面团	可冻结水含水率	-0.596^*	0.711^{**}	0.755^{**}	-0.575^*	0.835^{**}	0.641^*
	不可冻结水含水率	0.596^*	-0.711^{**}	-0.755^{**}	0.575^*	-0.835^{**}	-0.641^*
中筋发酵面团	可冻结水含水率	-0.796^*	0.445	0.732^{**}	-0577^*	0.682^*	0.796^{**}
	不可冻结水含水率	0.796^{**}	-0.445	-0.732^{**}	0.577^*	-0.682^*	-0.796^{**}

注：$*$ 表示在 $P<0.05$ 水平上显著，$**$ 表示在 $P<0.01$ 水平上显著。

5.3.5　菊粉对馒头在贮藏期间水分迁移的影响

5.3.5.1　对低筋馒头的影响

馒头蒸制完成后，水分分布在非连续相的淀粉和连续相的面筋网络当中。这样的分布主要取决于馒头中蛋白质和淀粉本身的特性，以及它们之间的相互作用和水分的迁移与再分配。许多研究结果表明，为了防止老化，最重要的不是增加馒头中的初始水分，而是降低馒头的脱水速率。馒头芯到馒头表面的水分迁移会加速馒头的老化并增加了蛋白质和淀粉之间氢键的形成。根据相关研究，融化温度在 0℃ 的水分被认为是自由水，但是面包中没有自由水的融化温度是低于 0℃ 的，如果水分的融化温度低于 0℃ 则被当作是弱结合水；如果水分不结冰而可以被检测到则可以归因于水分的气化，这样的水分被认为是紧密结合水。

表 5-27 列出了不同聚合度和添加量的菊粉对低筋馒头在贮藏过程中弱结合水融化焓值的影响。从表 5-27 中可以看出，在贮藏 7d 后，三种菊粉的添加增加了馒头中弱结合水的水分融化焓变，这可以归因于菊粉的高持水性。但是随着贮藏时间的延长，馒头的融化焓值逐渐降低，这表明馒头在贮藏过程中弱结合水在逐渐流失迁移。在贮藏的前 5d 内，与空白低筋馒头相比，短链菊粉、天然菊粉和长链菊粉的添加均导致可冻结弱结合水的焓值降低，且菊粉的聚合度越高，这种变化就越显著。但是随着贮藏时间的进一步延长，含有菊粉的低筋馒头的弱结合水焓值低于空白组馒头。这些结果表明，菊粉的添加加速了可冻结的弱结合水从馒头内部向外部的局部迁移，其中长链菊粉的影响最显著，其次是短链菊粉，最后是天然菊粉。这主要是因为在发酵的过程中，低聚合度的菊粉能被酵母所利用，从而导致了菊粉含量的损失。

表 5-27 菊粉对低筋馒头在贮藏过程中弱结合水融化焓值的影响

单位：J/g

菊粉	添加量/%	1h	1d	2d	3d	5d	7d
空白	0	47.43±0.75ᵃ	44.00±0.90ᵇ	40.93±0.80ᶜ	37.61±0.80ᵈ	31.13±0.50ᵉ	25.28±0.55ᶠ
短链	2.5	49.39±0.63ᵃ	42.74±0.68ᵇ	36.57±0.79ᶜ	32.63±0.73ᵈ	28.553±0.67ᵉ	26.18±0.69ᵉ
	5.0	48.50±0.57ᵃ	41.05±0.61ᵇ	34.41±0.82ᶜ	30.28±0.83ᵈ	26.84±0.71ᵉ	25.85±1.67ᵉ
	7.5	48.23±0.73ᵃ	39.87±0.66ᵇ	33.16±0.71ᶜ	28.37±0.59ᵈ	25.51±0.62ᵉ	25.50±0.68ᵉ
	10.0	47.12±0.69ᵃ	38.14±0.72ᵇ	31.48±0.54ᶜ	26.99±0.59ᵈ	25.27±0.63ᵈ	25.26±0.91ᵈ
天然	2.5	49.52±0.75ᵃ	42.16±0.78ᵇ	36.49±0.67ᶜ	31.55±0.68ᵈ	27.20±0.59ᵉ	25.72±0.54ᵉ
	5.0	50.56±0.63ᵃ	42.29±0.72ᵇ	35.04±0.64ᶜ	30.22±0.67ᵈ	26.89±0.71ᵉ	25.69±0.66ᵉ
	7.5	48.94±0.58ᵃ	40.12±0.57ᵇ	33.02±0.69ᶜ	27.93±0.72ᵈ	26.42±0.66ᵈ	25.86±0.74ᵉ
	10.0	48.27±0.71ᵃ	39.06±0.67ᵇ	31.64±0.64ᶜ	27.48±0.82ᵈ	26.03±0.69ᵈ	25.94±0.56ᵈ
长链	2.5	46.58±0.69ᵃ	38.13±0.63ᵇ	31.95±0.72ᶜ	28.79±0.61ᵈ	26.21±0.74ᵉ	24.37±0.55ᵉ
	5.0	47.35±0.71ᵃ	37.13±0.75ᵇ	29.22±0.66ᶜ	26.12±0.68ᵈ	25.51±0.59ᵉ	24.12±0.63ᵉ
	7.5	48.87±0.82ᵃ	35.65±0.76ᵇ	28.558±0.68ᶜ	25.48±0.65ᵈ	24.82±0.62ᵈ	24.64±0.71ᵈ
	10.0	47.14±0.57ᵃ	35.33±0.57ᵇ	27.60±0.63ᶜ	25.40±0.59ᵈ	24.28±0.62ᵈ	24.29±0.62ᵈ

注：同一行中不同的字母表示水平间差异显著（$P<0.05$）。

　　表 5-28 为不同聚合度和添加量的菊粉对低筋馒头在贮藏过程中弱结合水融化峰温的影响。可冻结水的融化温度主要与可冻结弱结合水的流动性相关。在表 5-28 中，馒头贮藏 1h 后，三种菊粉的添加均降低了馒头的融化峰温，且菊粉的添加量越多，变化越显著，说明三种菊粉的添加均降低了可冻结弱结合水与馒头组分的相互作用。这主要是由于在冷却过程中，菊粉会形成凝胶参与到淀粉和蛋白质的网络结构当中，从而阻碍了水分与蛋白质和淀粉的相互作用。随着贮藏时间的延长，弱结合水融化峰温升高则是由于水分与淀粉或者蛋白质网络相互作用增强的结果。在贮藏过程中，一些包裹在淀粉非结晶区的水分可能会迁移至淀粉的结晶区，从而变得更加紧密。从表 5-28 中可以看出，在贮藏的前 3d 内，三种菊粉的添加均提高了馒头的融化峰温的变化速率，且菊粉的聚合度越高，这种趋势越明显。这主要是因为长链菊粉的聚合度高，稳定性好。而在后期的贮藏过程中，随着菊粉的添加，水分融化峰温的变化逐渐下降。当三种菊粉的添加量分别高于 7.5%、5.0% 和 5.0% 时，水分的融化峰温变化不再显著，表明馒头中的弱结合水与淀粉或蛋白质的相互作用强度没有显著的改变，这可能归因于菊粉分子通过氢键相互作用与馒头中的淀粉或者蛋白质网络形成了更加稳定的交联结构，从而阻止或减慢了水分的迁移，因此，抑制了淀粉链的移动和重结晶。

表 5-28　菊粉对低筋馒头在贮藏过程中弱结合水融化峰温的影响

单位：℃

菊粉	添加量/%	1h	1d	2d	3d	5d	7d
空白	0	-2.51 ± 0.08^f	-1.88 ± 0.08^e	-1.48 ± 0.07^d	-1.22 ± 0.06^c	-0.81 ± 0.07^b	-0.44 ± 0.04^a
短链	2.5	-2.78 ± 0.09^e	-1.90 ± 0.08^d	-1.42 ± 0.06^c	-1.19 ± 0.05^c	-0.92 ± 0.05^b	-0.67 ± 0.07^a
	5.0	-3.09 ± 0.08^d	-1.92 ± 0.06^c	-1.30 ± 0.07^b	-1.10 ± 0.08^{ab}	-0.96 ± 0.06^a	-0.86 ± 0.05^a
	7.5	-3.43 ± 0.06^d	-2.22 ± 0.05^c	-1.58 ± 0.06^b	-1.39 ± 0.05^{ab}	-1.25 ± 0.06^a	-1.20 ± 0.08^a
	10.0	-3.99 ± 0.06^d	-2.49 ± 0.07^c	-1.69 ± 0.05^b	-1.48 ± 0.06^a	-1.34 ± 0.05^a	-1.27 ± 0.05^a
天然	2.5	-2.84 ± 0.03^e	-1.88 ± 0.08^d	-1.36 ± 0.06^c	-1.15 ± 0.09^{bc}	-0.93 ± 0.05^{ab}	-0.75 ± 0.07^a
	5.0	-3.21 ± 0.07^d	-1.90 ± 0.08^c	-1.25 ± 0.07^b	-1.06 ± 0.07^{ab}	-1.00 ± 0.06^a	-0.97 ± 0.06^a
	7.5	-3.47 ± 0.09^d	-2.17 ± 0.07^c	-1.53 ± 0.08^b	-1.35 ± 0.05^{ab}	-1.30 ± 0.06^{ab}	-1.26 ± 0.05^a
	10.0	-4.09 ± 0.10^d	-2.41 ± 0.08^b	-1.64 ± 0.06^a	-1.42 ± 0.06^a	-1.38 ± 0.07^a	-1.41 ± 0.05^a
长链	2.5	-2.52 ± 0.09^e	-1.62 ± 0.08^d	-1.10 ± 0.06^c	-0.92 ± 0.09^{bc}	-0.73 ± 0.05^{ab}	-0.57 ± 0.07^a
	5.0	-2.91 ± 0.08^d	-1.87 ± 0.06^c	-1.37 ± 0.06^b	-1.20 ± 0.07^{ab}	-1.08 ± 0.02^a	-0.98 ± 0.04^a
	7.5	-3.05 ± 0.10^d	-2.00 ± 0.06^c	-1.45 ± 0.08^b	-1.30 ± 0.06^{ab}	-1.20 ± 0.06^a	-1.11 ± 0.07^a
	10.0	-3.12 ± 0.09^d	-2.08 ± 0.07^c	-1.52 ± 0.07^b	-1.39 ± 0.06^{ab}	-1.27 ± 0.06^a	-1.20 ± 0.05^a

注：同一行中不同的字母表示水平间差异显著（$P<0.05$）。

　　在低筋馒头的贮藏过程，菊粉的添加对其汽化焓值也有明显的影响（表5-29）。水分的汽化焓值正比于聚合物网络结构中的总水分含量。在贮藏过程中，由于馒头的芯部和表皮之间存在着一定的水分梯度差，因此会发生明显的水分迁移现象。在表5-29中，随着贮藏时间的延长，馒头的水分汽化焓变逐渐下降，表明在贮藏期间馒头的总水分含量逐渐下降。在贮藏的前3d内，与空白组馒头相比，三种菊粉的添加均加快了馒头水分的下降速率，且添加量越高，下降速率越快。当三种菊粉的添加量达到10.0％时，短链菊粉、天然菊粉和长链菊粉使馒头的汽化焓值（3d）较空白组分别降低了10.92％、10.02％和13.95％，这表明菊粉加速了馒头的水分从芯部到表皮的迁移。而在贮藏的后期，添加了菊粉的馒头的汽化焓值变化率均小于空白组馒头。当三种菊粉的添加量分别高于5.0％时，馒头的汽化焓值没有显著性的变化，表明馒头中的水分含量几乎达到稳定。但是，对于空白组馒头来说，汽化焓值的变化仍然很明显，表明空白组馒头的脱水过程仍在进行。

表 5-29　菊粉对低筋馒头在贮藏过程中汽化焓值的影响　　单位：J/g

菊粉	添加量/％	1h	1d	2d	3d	5d	7d
空白	0	762.91±17.81ᵃ	713.47±10.74ᵇ	670.19±6.22ᶜ	629.65±6.13ᵈ	588.74±5.30ᵉ	567.86±4.91ᶠ
短链	2.5	785.72±13.23ᵃ	720.67±14.85ᵇ	660.81±5.36ᶜ	617.17±4.72ᵈ	580.02±7.16ᵉ	567.06±5.58ᵉ
	5.0	777.47±15.36ᵃ	707.36±10.61ᵇ	644.17±4.77ᶜ	600.06±3.90ᵈ	571.84±4.82ᵈᵉ	565.57±6.18ᵉ
	7.5	768.63±14.45ᵃ	691.52±8.84ᵇ	615.55±6.21ᶜ	580.22±5.17ᵈ	566.57±4.72ᵈ	562.59±4.83ᵈ
	10.0	760.92±16.33ᵃ	670.84±9.12ᵇ	585.33±4.60ᶜ	560.97±5.24ᶜ	559.46±4.78ᶜ	558.91±5.64ᶜ
天然	2.5	728.15±10.10ᵃ	661.63±7.62ᵇ	606.52±6.24ᶜ	563.07±6.50ᵈ	530.25±4.62ᵉ	514.25±4.33ᵉ
	5.0	793.35±8.85ᵃ	727.99±9.20ᵇ	676.48±4.91ᶜ	625.25±4.63ᵈ	592.67±4.79ᵉ	581.50±5.87ᵉ
	7.5	766.73±12.18ᵃ	688.95±10.66ᵇ	619.48±4.23ᶜ	584.87±5.43ᵈ	571.13±4.81ᵈ	566.95±6.48ᵈ
	10.0	762.26±9.27ᵃ	675.71±8.80ᵇ	588.95±5.29ᶜ	566.55±5.58ᶜᵈ	562.22±4.92ᵈ	561.26±5.99ᵈ
长链	2.5	753.09±16.12ᵃ	687.81±8.71ᵇ	639.816±5.38ᶜ	606.00±5.56ᵈ	570.77±4.87ᵉ	558.15±5.03ᵉ
	5.0	742.52±15.58ᵃ	674.18±6.32ᵇ	621.79±5.11ᶜ	587.00±5.59ᵈᵉ	563.20±4.68ᵈᵉ	555.02±4.88ᵉ
	7.5	737.01±13.22ᵃ	652.86±8.61ᵇ	595.06±4.74ᶜ	562.20±4.33ᵈ	550.15±5.36ᵈ	547.32±5.03ᵈ
	10.0	733.36±12.83ᵃ	629.67±7.68ᵇ	557.10±5.22ᶜ	541.80±5.61ᶜ	540.32±5.27ᶜ	539.73±4.24ᶜ

注：同一行中不同的字母表示水平间差异显著（$P<0.05$）。

　　表5-30列出了菊粉对低筋馒头在贮藏过程中汽化峰温的影响。馒头的汽化峰温的变化与不可冻结的紧密结合水的流动性相关。从表5-30中可以看出，随着贮藏时间的增加，馒头的汽化峰温逐渐下降，表明在馒头的贮藏过程中，紧密结合水与蛋白质网络结构和淀粉聚合物的相互作用逐渐减弱。但是，在贮藏的前3d内，随着三种菊粉添加量的增加，馒头的汽化峰温与空白组馒头相

比下降得较为缓慢。这可能与菊粉影响了水分在蛋白质和淀粉中的再分配有关，例如：水分从与馒头中的蛋白质网络结构结合得较为紧密的区域迁移至与淀粉分子链相互作用较弱的区域。在馒头的制作过程中，菊粉会在淀粉颗粒的周围形成一种障碍，蒸制结束后，菊粉则会以凝胶的形式存在于蛋白质和淀粉的贯穿网络结构中，从而阻止了水分与淀粉颗粒的相互作用。同时，菊粉具有良好的吸水性，从而在馒头的贮藏期间可以阻止老化淀粉链吸收从蛋白质网络结构和淀粉分子链中释放出的水分，因此，阻碍了馒头的老化速率和老化过程。而在后期的贮藏过程中，随着菊粉的添加，馒头的汽化峰温有轻微的增加。当短链菊粉、天然菊粉和长链菊粉的添加量分别为7.5%、5.0%和2.5%时，馒头的汽化峰温几乎保持平稳，因此，可以推测水分与蛋白质或淀粉分子的相互作用变强，因为在贮藏的后期，馒头内部只存在紧密结合水和少量的弱结合水。

表 5-30　菊粉对低筋馒头在贮藏过程中汽化峰温的影响　　　单位：℃

菊粉	添加量/%	1h	1d	2d	3d	5d	7d
空白	0	116.62±0.26[a]	113.60±0.29[b]	111.16±0.22[c]	109.60±0.24[d]	107.57±0.18[e]	105.89±0.21[f]
短链	2.5	116.00±0.25[a]	112.78±0.14[b]	110.02±0.22[c]	108.20±0.26[d]	107.38±0.23[e]	107.32±0.16[e]
	5.0	115.15±0.31[a]	111.62±0.22[b]	108.73±0.34[c]	107.79±0.25[cd]	107.50±0.21[d]	108.12±0.15[d]
	7.5	114.43±0.22[a]	110.91±0.17[b]	108.20±0.24[c]	107.40±0.23[d]	107.80±0.15[d]	108.60±0.17[c]
	10.0	113.85±0.26[a]	110.03±0.24[b]	107.73±0.17[cd]	107.10±0.22[d]	108.10±0.24[c]	109.33±0.19[b]
天然	2.5	115.78±0.25[a]	112.30±0.15[b]	109.52±0.22[c]	108.38±0.26[c]	108.00±0.23[d]	108.11±0.28[d]
	5.0	114.99±0.18[a]	111.35±0.16[b]	108.63±0.21[c]	107.57±0.15[d]	107.88±0.23[d]	108.56±0.20[d]
	7.5	113.94±0.21[a]	110.20±0.18[b]	107.41±0.25[d]	106.64±0.14[e]	107.60±0.17[d]	109.06±0.19[c]
	10.0	113.43±0.22[a]	109.60±0.27[b]	106.90±0.18[d]	106.20±0.23[e]	107.69±0.17[c]	109.33±0.13[b]
长链	2.5	115.56±0.25[a]	112.18±0.14[b]	109.38±0.21[c]	108.51±0.24[d]	108.20±0.23[d]	108.48±0.28[d]
	5.0	114.21±0.15[a]	110.67±0.18[b]	108.21±0.21[d]	107.42±0.20[e]	108.00±0.19[de]	108.89±0.16[c]
	7.5	113.45±0.22[a]	109.52±0.20[b]	107.33±0.15[cd]	106.74±0.18[d]	107.91±0.16[c]	109.51±0.13[b]
	10.0	112.86±0.15[a]	108.89±0.17[b]	106.68±0.14[e]	106.30±0.16[e]	107.60±0.13[d]	109.89±0.15[c]

注：同一行中不同的字母表示水平间差异显著（$P < 0.05$）。

5.3.5.2　对中筋馒头的影响

不同聚合度和添加量的菊粉对中筋馒头在贮藏过程中可冻结弱结合水融化焓值和融化峰温的影响如图 5-22 所示。从图 5-22 中可以直观地看出，在冷却1h后，随着三种菊粉的添加，中筋馒头的水分融化焓值上升。其中，当短链

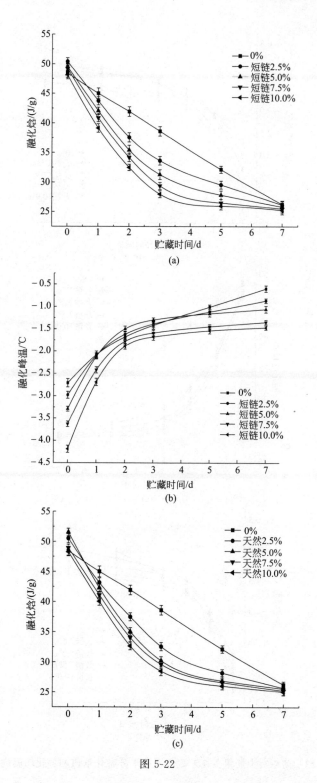

图 5-22

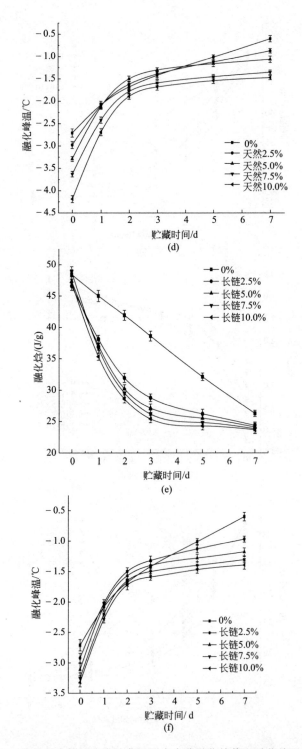

图 5-22 菊粉对中筋馒头在贮藏过程中水分融化焓值和融化峰温的影响

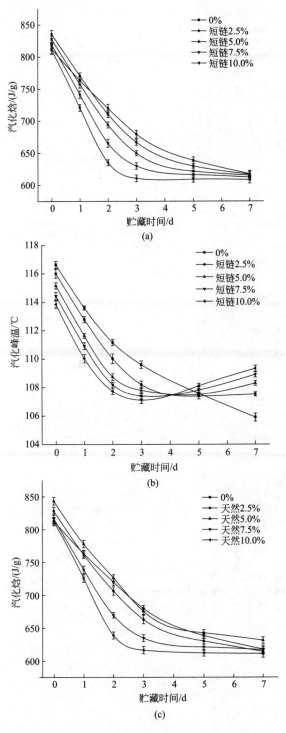

图 5-23

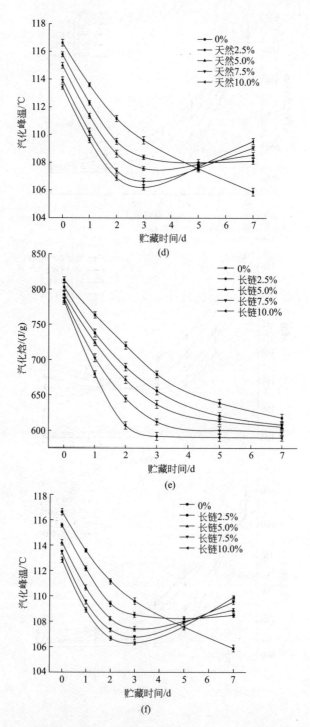

图 5-23　菊粉对中筋馒头在贮藏过程中汽化焓值和汽化峰温的影响

菊粉和天然菊粉的添加量分别高于 7.5%时，馒头的水分融化焓值没有显著性的变化；对于长链菊粉，当添加量高于 2.5%时，馒头的水分融化焓值则开始低于空白组馒头。但是在贮藏的前 3d 内，三种菊粉的添加均导致馒头中可冻结弱结合水融化焓值和融化峰温的变化率升高，其中长链菊粉的最明显，其次是天然菊粉，最后是短链菊粉，表明菊粉的存在改变了水分与馒头中蛋白质或淀粉的结合。随着贮藏时间的进一步延长，可冻结弱结合水的融化焓值和融化峰温的变化逐渐减缓，这主要是因为贮藏前期弱结合水的局部迁移。此时与空白组馒头的变化速率相比，含有菊粉的弱结合水的融化焓值变化率开始显著减低，且随着菊粉添加量的增加，降低的趋势越来越显著。当短链菊粉、天然菊粉和长链菊粉的添加量分别高于 7.5%、5.0% 和 5.0%时，馒头中弱结合水的融化焓值和峰温没有显著性的变化。

图 5-23 显示了不同聚合度和添加量的菊粉对中筋馒头在贮藏过程中的汽化焓值和汽化峰温的影响。在冷却 1h 后，随着短链菊粉和天然菊粉的添加，中筋馒头的汽化焓值显著大于空白组馒头。当三种菊粉的添加量到达 5.0%时，馒头的汽化焓值没有显著性的变化。对于长链菊粉，当添加量超过 2.5%时，馒头的汽化焓值则显著低于空白组馒头。这种差异性主要是因为短链菊粉和天然菊粉的持水性要优于长链菊粉。随着贮藏时间的延长，中筋馒头汽化焓值的变化则与低筋馒头的变化相似，中筋馒头的水分汽化焓值逐渐下降，且下降的速率要高于低筋馒头的，产生这种差异的原因可能是因为两种面粉的品质不同，说明菊粉对蛋白质含量较高的面粉的影响更明显。

与空白组中筋馒头相比，在贮藏的前 3d 内，短链菊粉、天然菊粉和长链菊粉的加入也均加速了水分从馒头内部向外部的迁移。且在馒头贮藏的后期，添加菊粉的馒头的汽化焓值变化率均小于空白组馒头。当三种菊粉的添加量分别高于 7.5%、5.0% 和 5.0%时，馒头的汽化焓值变化率则没有显著性的变化。同时，与空白组馒头相比，随着三种菊粉添加量的增加，在贮藏的前 3d 内，中筋馒头的汽化峰温下降较为缓慢，而在后期的贮藏过程中，随着菊粉的添加，馒头的汽化峰温有轻微的增加。

菊粉对馒头品质的影响

　　面粉作为世界消费的主食之一，在食品工业中占有重要的地位。当前，各种精制加工面粉（俗称"精粉"）深受人们的喜爱，这主要归因于其外观白、口感好、加工性能优异和产品品质高。其实精粉是通过多次碾磨工艺获得的，碾磨次数越多，其精度等级就越高，但由此带来膳食纤维的损失就越大，导致面粉营养价值的下降，引发患慢性疾病的风险增大。因此，若以面粉为载体，通过添加膳食纤维，则可在日常饮食中实现最直接、最有效的营养补充。

　　馒头起源于我国，距今已有1700多年的历史。自古以来馒头都是居民的主食，尤其是在我国黄河流域、东北、华北人民的生活中更是占据着主导的地位。目前，为了改善精制面粉缺乏膳食纤维的现状，提高馒头的营养品质，通常往其中加入谷类、豆类或果蔬类膳食纤维，常见的有大豆豆皮膳食纤维、果蔬膳食纤维、麦麸膳食纤维等，但这些膳食纤维由于粗糙感很强，粒径较大，水溶性、色泽和食品加工性能差，即使较低的添加量也会给最终产品品质带来严重的不良影响，尤其是在口感、色泽和质构特性等方面缺点十分明显，严重影响了最终产品的外观、品质和口感，难以被市场所接受，其应用受到严重的制约。因此，如何在保持精制面粉或其产品优越性的同时，又能赋予其合理的膳食纤维含量，提高其营养价值、食品加工性能和最终产品品质是目前面粉行业面临的一个重要的研究课题。

　　菊粉的外观与面粉相似，呈白色粉末状，具有良好的溶水性，且能形成优异的细腻和滑爽的凝胶质构。菊粉的这些特有的属性使其易于应用于各类面制品中，达到改善面团加工性能、提高产品品质和营养价值的目的。若将菊粉科学合理地添加到精制面粉中，则能明显提高面制品的营养价值和品质，避免常见的膳食纤维给面粉在加工性能和产品感官品质方面造成的不良影响，改善民众由于饮食结构不合理而引发的健康问题。

当前，在西方许多国家中，菊粉已被广泛应用于各类面包的制作中。由于馒头和面包在原料、配方、加工工艺和产品质量评价方面存在着显著的差异，因此，菊粉对馒头品质的影响与面包有所不同。有研究表明，随菊粉添加量的增加，馒头的弹性呈现逐渐下降的趋势。菊粉的加入降低了面筋蛋白的含量，弱化了面筋形成的网络结构，增加了面团的吸水量，导致馒头的弹性下降。本章从感官品质和质构特性等方面分析了菊粉添加对馒头品质的影响规律，探讨了菊粉影响的作用机制。

6.1 菊粉对馒头比容和径高比的影响

馒头的比容、径高比是表征面团体积膨胀程度及保持能力的指标。馒头的比容和径高比指标直接反映了馒头的外部感官、内部组织以及馒头口感的优劣，一般认为比容为 2.3~2.6mL/g 时的馒头品质最佳。比容的增大表明馒头的相对体积增大，径高比值变小表明馒头的高度相对增加，馒头体积和高度的大小主要取决于馒头面筋网络组织的形成和膨胀情况，面团的面筋网络增强，其持气性就会相对增强，从而就可能生产出具有更大体积的馒头，同时高度也会相应增加。面筋结构是蛋白质大分子聚合物所形成的，小麦粉中麦谷蛋白各亚基之间通过分子间二硫键形成弹性的网络结构。因此，小麦蛋白质是影响馒头比容的重要因素。

短链菊粉对馒头比容、径高比的影响如图 6-1 和图 6-2 所示。由图 6-1 可以看出，随着菊粉添加量的增加，馒头的比容整体呈显著增加趋势。对照组馒头的比容值为 2.08mL/g，在菊粉添加量为 10.0% 时馒头的比容值则达最大值，为 2.67mL/g，相对于空白组显著增加了 28.4%。当菊粉添加量为 5.0% 时，馒头的比容相对增加的最少，为 2.34mL/g，但相比空白组也增加了 12.5%。

由图 6-2 可知，随着菊粉添加量的增加，馒头的径高比整体呈下降趋势，空白组馒头的径高比值为 1.68，在菊粉添加量为 2.5% 或 10.0% 时，馒头的径高比值达最小值，为 1.36，相比空白组显著降低了 19.0%。当菊粉添加量为 5.0% 时，馒头的径高比值为 1.60，相对空白对照组变化不显著。

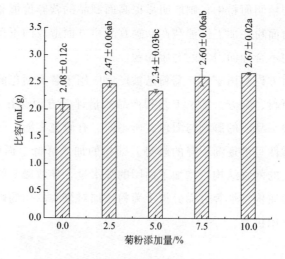

图 6-1　短链菊粉添加量对馒头比容的影响

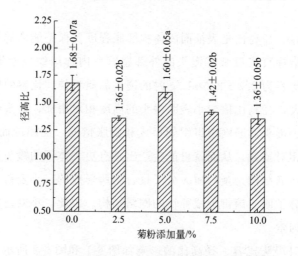

图 6-2　短链菊粉添加量对馒头径高比的影响

　　菊粉膳食纤维的添加显著增加了馒头的比容，减小了馒头的径高比，这可能归因于混合粉中湿面筋含量的相对增加，馒头内部组织中面筋网络充分形成和膨胀，这样馒头的体积相对增大，引起馒头比容的增加和径高比相对减小。菊粉使馒头比容增加的原因可能是菊粉降低了面团的吸水率，促进面团的网络结构形成。面筋指数与比容呈极显著正相关，径高比与湿面筋含量呈显著负相关。湿面筋含量越高，馒头的径高比越小。当面粉中的湿面筋含量很低时，形成的面筋网络弱，无法有效保持发酵过程中产生的 CO_2 气体，导致面团几乎发不起来，馒头的直径较小，从而导致径高比较小。

6.2 菊粉对馒头色泽的影响

表 6-1 描述了不同菊粉添加量对馒头表皮颜色的影响。由表 6-1 可知，对照馒头有较低的 L^* 值（亮度）、较高的 a^* 值（红度变量）和 b^* 值（黄度变量）。不同菊粉添加量的馒头 L^* 值均相对较高，a^* 值和 b^* 值也相比对照较小（除 2.5％菊粉添加量外），说明菊粉馒头的亮度增大，表观较白。当菊粉添加量为 10.0％时，馒头的表皮颜色 L^* 值最大，为 81.13，相比对照组增大了 5.8％。由 ΔE 可以看出，当菊粉添加 5.0％和 7.5％时，ΔE 值（总色差）最小，菊粉馒头相对较白，可能与菊粉本身具有比面粉白度更大的性质有关。由此可知，菊粉的加入使馒头的白度增大，改良了馒头的色泽。

表 6-1　馒头色度的测定

短链菊粉添加量/%	馒头表皮颜色			
	L^*	a^*	b^*	ΔE
0.0	76.65 ± 0.83^c	-0.90 ± 0.05^a	15.15 ± 0.49^a	—
2.5	80.59 ± 1.90^{ab}	-0.89 ± 0.05^a	15.97 ± 0.27^a	4.05 ± 1.51
5.0	78.84 ± 0.89^b	-0.87 ± 0.04^b	14.45 ± 0.71^{ab}	2.42 ± 1.86
7.5	79.62 ± 0.61^b	-0.75 ± 0.25^c	14.21 ± 0.33^b	3.30 ± 2.05
10.0	81.13 ± 0.71^a	-0.77 ± 0.05^c	14.36 ± 0.12^{ab}	4.60 ± 2.27

注：同一列中不同的字母表示水平间差异显著（$P<0.05$）。

6.3 菊粉对馒头感官评价的影响

表 6-2 给出了短链菊粉不同添加量所制得的馒头的感官评分，反映了菊粉不同添加量对馒头感官品质的影响。由表 6-2 可知，当菊粉添加量为 7.5％时，馒头的评分值最高，为 89.97，对照馒头组的评分最低，为 81.47，且添加菊粉的馒头的综合评分相比对照组均有所提高，这可能是因为菊粉与面粉相比具有更高的白度，菊粉具有微甜口味，以及菊粉添加后对面团品质改良的作用。色泽与比容的评价结果与仪器测试的结果基本一致。

表 6-2　菊粉对馒头感官评分的影响

参数	短链菊粉添加量/%				
	0.0	2.5	5.0	7.5	10.0
比容/(cm³/g)	15.67 ± 0.58	18.00 ± 1.00	16.67 ± 0.58	19.33 ± 1.15	19.00 ± 0.00

续表

参数	短链菊粉添加量/%				
	0.0	2.5	5.0	7.5	10.0
外观	12.67±1.00	13.33±0.58	14.00±0.00	14.33±0.58	13.00±1.00
色泽	7.87±0.06	8.90±0.10	8.73±0.06	8.60±0.10	9.07±0.15
结构	12.33±0.58	13.00±1.00	14.33±1.15	14.33±0.58	12.00±1.00
弹韧性	16.33±0.58	16.33±0.58	17.33±1.15	16.33±0.58	17.67±1.15
黏性	13.00±0.00	13.67±0.58	12.67±0.58	13.00±1.00	13.00±1.00
气味	3.60±0.10	3.57±0.06	3.90±0.10	4.03±0.12	4.07±0.06
总分	81.47±1.10	86.80±2.61	87.63±1.86	89.97±0.57	87.80±3.14

6.4 菊粉对馒头质构特性的影响

6.4.1 对新鲜馒头的影响

添加菊粉对新鲜馒头的质构特性（贮藏 1h）的影响见表 6-3。研究发现，不同添加量的菊粉对新鲜馒头的硬度、弹性、回复性和黏性均有显著影响。当短链菊粉和天然菊粉均添加 5%、长链菊粉添加 2.5% 时，与空白对照组相比，馒头的硬度分别增加了 50.55%、118.98% 和 149.86%。这可能与菊粉的加入引起面团吸水率的下降有关；或者与菊粉的添加引起面团中水分的重新分配有关，改变了馒头中水分与蛋白质和淀粉的结合程度。

表 6-3　菊粉对新鲜馒头质构特性的影响

菊粉的添加量和类型	硬度/N	弹性	黏性	回复性	咀嚼性
0%	7.32±0.09[c]	0.92±0.01[a]	0.73±0.00[a]	0.35±0.01[a]	4.91±0.08[c]
5%短链	11.02±1.54[b]	0.89±0.01[ab]	0.66±0.01[b]	0.28±0.01[b]	6.48±0.01[b]
5%天然	16.03±2.07[a]	0.86±0.02[bc]	0.63±0.01[c]	0.26±0.01[c]	8.74±0.32[a]
2.5%长链	18.29±0.56[a]	0.83±0.03[c]	0.59±0.01[d]	0.20±0.01[d]	8.98±0.28[a]

注：同一列中不同的字母表示水平间差异显著（$P<0.05$）。

在馒头弹性方面，与对照相比，添加短链菊粉的馒头没有发生明显的变化，而天然菊粉和长链菊粉的添加导致了弹性轻微的下降，说明菊粉的添加并不会导致馒头弹性的下降。在加入三种菊粉后，馒头的黏性和回复性呈下降趋势，菊粉的平均聚合度越高，则这种影响越明显。黏性反映了馒头内部的内聚力，馒头的黏性降低，则使馒头在咀嚼时更易破裂和黏稠而缺乏完整性。在咀嚼的过程中，馒头会断裂和黏结而不完整。较低的回复性意味着馒头更容易咀嚼。长链菊粉形成的凝胶更加坚硬,黏附性更强,黏性更小。因此,长链菊粉对上述参数的影响最为显著。同时,添加了三种菊粉,观察到其咀嚼性呈上升趋势,这主要是由于馒头的硬度增加所致。

6.4.2 对馒头贮藏过程的影响

表 6-4 显示了不同短链菊粉添加量对贮藏 1h、24h 和 48h 的馒头质构的影响,菊粉的加入对于冷却 1h 馒头的硬度、黏着性起到显著的改变作用,馒头硬度、黏着性随着菊粉添加量的增加呈现先增大又减小的趋势,在菊粉添加5.0%时硬度最大,为 18.83N,与对照组硬度 15.74N 相比增大了 19.63%;而菊粉添加 10.0%时硬度最小,为 10.71N,相比对照组减小了 31.96%。馒头的黏着性在菊粉添加 5.0%时最大,为 11.90,相比对照组馒头的黏着性10.78 增大了 9.41%;在菊粉添加 10.0%时最小,为 7.10,相比对照组减小了 34.13%。黏性指标变化也比较显著;其他质构指标在菊粉加入后变化则均不显著。

表 6-4 短链菊粉对馒头质构特性的影响

参数	菊粉添加量/%	放置时间/h		
		1	24	48
硬度/N	0.0	15.74 ± 0.64^b	37.46 ± 0.96^a	44.46 ± 1.01^a
	2.5	16.92 ± 0.11^{ab}	27.19 ± 0.21^{bc}	32.35 ± 1.60^b
	5.0	18.83 ± 0.98^a	29.92 ± 0.74^b	31.37 ± 1.30^b
	7.5	13.50 ± 0.61^c	24.99 ± 0.23^{cd}	24.88 ± 0.08^c
	10.0	10.71 ± 0.38^d	22.48 ± 0.81^d	22.94 ± 1.33^c
弹性	0.0	0.86 ± 0.02^a	0.78 ± 0.03^{ab}	0.50 ± 0.02^c
	2.5	0.85 ± 0.01^a	0.80 ± 0.01^a	0.71 ± 0.03^b
	5.0	0.85 ± 0.03^a	0.73 ± 0.02^c	0.73 ± 0.01^b
	7.5	0.84 ± 0.01^a	0.74 ± 0.01^{bc}	1.26 ± 0.02^a
	10.0	0.84 ± 0.03^a	0.76 ± 0.02^{abc}	0.68 ± 0.03^b
黏性	0.0	0.90 ± 0.50^c	2.37 ± 0.72^d	17.99 ± 0.11^b
	2.5	2.05 ± 0.55^b	4.65 ± 0.90^{bc}	18.19 ± 0.52^a
	5.0	2.68 ± 0.90^{ab}	5.57 ± 0.59^b	15.38 ± 0.90^c
	7.5	1.12 ± 0.97^{bc}	8.36 ± 0.84^a	16.27 ± 0.40^{bc}
	10.0	3.34 ± 0.63^a	8.53 ± 0.40^a	17.22 ± 0.95^b
黏聚性	0.0	0.67 ± 0.04^a	0.47 ± 0.02^a	0.25 ± 0.02^b
	2.5	0.66 ± 0.02^a	0.45 ± 0.06^a	0.33 ± 0.01^a
	5.0	0.64 ± 0.04^a	0.42 ± 0.03^a	0.38 ± 0.03^a
	7.5	0.62 ± 0.02^a	0.38 ± 0.04^a	0.37 ± 0.04^a
	10.0	0.68 ± 0.05^a	0.45 ± 0.04^a	0.36 ± 0.03^a

续表

参数	菊粉添加量/%	放置时间/h		
		1	24	48
黏着性	0.0	10.78 ± 0.25^b	17.42 ± 0.80^a	10.98 ± 0.94^a
	2.5	10.99 ± 0.88^{ab}	12.33 ± 0.63^b	10.63 ± 1.06^{ab}
	5.0	11.90 ± 0.56^a	12.65 ± 0.37^b	11.97 ± 0.88^a
	7.5	8.42 ± 0.75^c	9.51 ± 0.73^c	9.31 ± 0.93^b
	10.0	7.10 ± 0.90^d	9.97 ± 0.07^{bc}	10.65 ± 0.70^{ab}
咀嚼性	0.0	0.57 ± 0.03^a	0.37 ± 0.01^a	0.12 ± 0.02^b
	2.5	0.57 ± 0.05^a	0.36 ± 0.04^a	0.23 ± 0.00^{ab}
	5.0	0.54 ± 0.05^a	0.31 ± 0.05^a	0.28 ± 0.02^{ab}
	7.5	0.52 ± 0.02^a	0.29 ± 0.04^a	0.45 ± 0.03^a
	10.0	0.57 ± 0.04^a	0.34 ± 0.04^a	0.25 ± 0.02^{ab}
回复性	0.0	0.32 ± 0.01^a	0.17 ± 0.02^a	0.08 ± 0.00^b
	2.5	0.31 ± 0.02^a	0.16 ± 0.01^{ab}	0.11 ± 0.00^{ab}
	5.0	0.29 ± 0.02^a	0.14 ± 0.02^{ab}	0.12 ± 0.01^a
	7.5	0.27 ± 0.01^{ab}	0.12 ± 0.01^b	0.12 ± 0.01^a
	10.0	0.33 ± 0.01^a	0.15 ± 0.02^{ab}	0.11 ± 0.02^{ab}

注：同一列各指标内不同字母表示差异显著（$P<0.05$）。

馒头贮藏 24h 之后，添加了短链菊粉的馒头的硬度、黏性、黏着性等指标与对照相比均呈现显著变化。馒头的硬度随菊粉添加量的增加呈现逐渐减小的趋势，在菊粉添加 10.0% 时，馒头的硬度最小，为 22.48N，相比对照组降低了 39.99%。随着菊粉添加量的增大，馒头的黏着性呈显著下降趋势，与对照组相比变化显著。

馒头贮藏 48h 后，随着菊粉添加量的不同，馒头的质构指标均有显著性变化。与对照组相比，添加了菊粉的馒头硬度显著减小，且在菊粉添加量为 10.0% 时其硬度值最小，为 22.94N。馒头的弹性随菊粉添加量的增大呈现显著增大趋势，在菊粉添加 7.5% 时达最大值（1.26），在其他添加水平区间则变化不显著；添加菊粉的馒头的黏聚性、咀嚼性、回复性与对照相比均显著增大，但各添加水平间变化不显著；黏着性随菊粉的添加变化不显著。

综合分析可知，馒头在分别贮藏 1h、24h 和 48h 后，菊粉对其质构指标的影响各不相同。贮藏 1h 的馒头的质构特性随菊粉的加入整体无显著性变化；馒头分别贮藏 24h 和 48h 后，添加不同量菊粉的馒头的质构特性均呈现出一定程度的变化。

菊粉在其他食品中的应用

　　菊粉作为一种有别于常见膳食纤维的食品新原料，其突出的生理功能和食品加工性能，更加符合现代人对食品感官品质、营养与健康的追求。虽然菊粉应用于食品、功能食品和医药行业的时间不长，但因其具有独有的特性：良好的水溶性、优异的凝胶质构可作为一种良好的脂肪替代品，同时具有显著的双歧杆菌增殖效应，因此，菊粉的应用范围和领域不断扩大，市场需求也迅速增长，特别是作为食品加工的配料和功能性食品添加剂，如作为可溶性营养膳食纤维、低热量甜味剂、脂肪替代物和增稠剂等。由于菊粉具有天然和低热量的特点，已被世界上40多个国家批准列为食品营养补充剂，在健康食品工业已经得到较广泛的应用。又由于菊粉特有的膳食纤维特性，近年来它在面制品、乳制品、饮料、巧克力、涂抹食品、冰淇淋和人造奶油等食品加工中得到广泛的应用。

　　在乳制品方面，是菊粉应用的理想食品体系，已用于配方奶粉、酸牛奶、乳饮料、奶片和液态奶中。在乳饮料、酸牛奶、液态奶中添加菊粉2％～5％，除了使产品具有膳食纤维和低聚糖的功能之外，还可以增加稠度，赋予产品更浓的奶油口感、更好的平衡结构和更饱满的风味，另外，能有效提高人体对钙质的吸收率达20％以上。菊粉还能赋予不含脂肪的产品全脂滑爽和细腻的口感，改善饮用型酸奶的口感。在奶粉、鲜奶干吃片、奶酪、冷冻甜点中添加8％～10％的菊粉，能使产品的功能更强、风味更浓、质地更好。

　　在焙烤制品中加入菊粉，能获得各种新概念面包，如益生元面包、多纤维白面包甚至多纤维无面筋蛋白面包。菊粉能够增加面团的稳定性，调整面团的吸水率，提高酵母的发酵活性，缩短面团的发酵周期、最大气体产生的时间和气体开始从面包逸出的时间，减少体积损失，增加面包体积，提高面包瓤的均匀性及成片能力。菊粉的加入有利于缩短经长时间冷冻贮藏后面团的发酵周期，有利于保持面团在冷冻过程中酵母的活性，能加速面包壳及其颜色和风味物质的形成。

在各种饮料中，如高纤维果汁饮料、功能性饮料、运动饮料、固体饮料、植物蛋白饮料和果冻类食品中，当添加 0.8%～3% 的菊粉后，除了能增加制品膳食纤维和低聚糖功能之外，还可提高对钙、镁、铁等矿物质的吸收率，并可掩盖苦涩，给人柔软的感觉，使饮料的风味更浓、质地更好。

当菊粉与水结合会形成一种奶油状结构，这使其容易在食品中取代脂肪，并能够提供光滑的口感、良好的营养平衡及圆满的风味，增加产品的紧密性、口感和提高乳化的分散性。在低脂低热量食品生产方面，菊粉是一种优良的脂肪替代物，能把脂肪替代成纤维，脂肪替代量可达 20%～50%，如应用于低脂奶油、低脂涂抹类食品、低能量蛋黄酱、冷冻甜点、冰淇淋、巧克力、糖果等食品中。

在保健食品应用方面，菊粉可作为便秘、糖尿病和肥胖等各种健康食品的原辅料和载体。对于改善肠道菌群、调节血糖和血脂水平、促进钙质或矿物质吸收、减肥等保健食品方面，菊粉都是最佳的配料或者功能性成分之一。

菊粉的建议添加量为日有效摄入量 5g，推荐最大日摄入量 15～20g，因食品种类而异，一般添加量为 2%～15%，个别保健片剂的添加量可达 70%。根据 2015 年 12 月欧盟发布新法规（EU）2015/2314，批准菊苣菊粉有助维持正常肠道功能的健康声称，菊苣菊粉的使用条件为：消费者每日摄入 12g 才能获得有效功能，仅用于可以提供每日摄入 12g 菊苣菊粉（聚合度均值≥9）。该条例认为，菊苣菊粉能增加大便频率、促进正常的肠胃功能，在食品饮料中添加菊粉有助于增强消费者的肠胃功能。

7.1 面包

面包一般以高筋小麦面粉为主要原料，以酵母、鸡蛋、黄油、糖和盐等为辅料，加水搅拌形成面团，再经发酵、揉团、醒发及焙烤等工艺加工而成。面包以其独特的口感和香味赢得了人们的喜爱，成为很多家庭不可或缺的餐点。

与其他面制品比较，面包具有易于机械化和大规模生产、耐储存、易于消化吸收和营养价值高等优点。一般来说，面包在人体中的消化率高于馒头约10%，高于米饭约20%，是人类蛋白质的重要来源。

通常在面包中加入谷物类、果蔬类或豆类膳食纤维以提高其营养价值，但这些膳食纤维大多数口感粗糙，食品加工性能差，对面包的口感、外观等方面造成严重影响，无法满足实际需求。菊粉作为近年来新开发出的一种膳食纤维，与常见的膳食纤维相比，菊粉的分子量较小，决定了其具有良好的吸湿性，有利于其参与面筋蛋白网络结构的形成，从而对面包的含水率、瓤硬度、体积和储存期等方面产生影响。

通常菊粉的加入会减小面包的体积，增加面包的含水量和硬度，延长面包的保存期，这也受到菊粉种类、添加量及面粉品质的影响。菊粉的聚合度不高，特别是短链类菊粉，常含有较高比例的低聚果糖和少量的单糖及二糖，在面包的高温焙烤过程中，这些低聚果糖易于发生水解，生成一定数量的还原糖，从而促进了还原糖与氨基酸或蛋白质之间的美拉德反应，引起面包在焙烤时间、外观颜色和风味物质等方面的变化，最终对产品的感官评价得分和可接受性产生明显的影响。

研究发现，菊粉的添加能增大面包的体积和产品得率，口感和色泽也都有所提高，尤其以短链菊粉的改善效果最好，但对面包的吸水性影响不明显。当面粉中短链菊粉的添加量为8%时，面包焙烤试验的感官评价得分最高。而其他一些研究则显示，长链菊粉的添加不会明显影响由不同筋度面粉所制作的面包的体积，在产品感官评价方面，菊粉的加入更有利于提高由高筋面粉制作的面包的品质。但有些研究也表明，菊粉的添加能导致面包体积和比容减小，水分含量降低，瓤硬度增加，虽然感官评价得分略有下降，但仍明显高于添加其他膳食纤维的面包的得分。

菊粉的添加还能缩短面包的焙烤时间，而不会影响到面包的品质。添加5%菊粉的面团焙烤只需17min，而未添加的则需20min，表明菊粉能加速面包壳及其颜色和风味物质的形成。这可能与菊粉在焙烤过程中果聚糖的降解有关，推测其主要原因有两个：一方面，菊粉强的吸湿性阻碍了水分与面筋蛋白的水合作用，弱化了面筋蛋白的网络结构；另一方面，菊粉的存在限制了淀粉酶与淀粉的接触，导致能发酵的碳水化合物的数量降低。

速冻面食类由于其加工简单、方便，深受消费者的喜爱。研究发现，菊粉也能显著改善由冷冻面团加工而成的面包的品质，而普通膳食纤维作用不明显

甚至具有负面作用。例如：添加甜菜膳食纤维的冷冻面团，焙烤出的面包体积
变小，这种变化程度的大小取决于冷冻周期的长短，由于在冷冻过程中生成的
冰晶能阻碍面筋蛋白网络结构的形成，从而引起面包体积的缩小，另外，面包
瓤芯也变硬。如果用天然菊粉取代甜菜膳食纤维，在 30d 的冷冻期内，焙烤出
的面包体积明显增大；若改用纯度为 100% 的长链菊粉，面团即使经过 60d 的
冷冻期后，焙烤出的面包体积仍会增大，且面包瓤的品质提高，这说明菊粉的
加入有助于降低冷冻方式对面团的不良影响，只是不同类型的菊粉其作用大小
有所差异。

7.1.1　菊粉对面团品质的影响

采用质构仪 TPA 模式对天然菊粉取代部分高筋面粉（水分含量 12.7%、
蛋白质含量 15.9%、脂肪含量 1.6% 和湿面筋含量 35.9%）制备的面团的质
构特性进行分析，结果如表 7-1 所示。

表 7-1　天然菊粉取代比对面团质构特性的影响

天然菊粉取代比/%	硬度/g	咀嚼性	弹性	凝聚性	黏着性	胶着性
0	271.32	208.386	0.886	0.867	4.083	235.212
2.5	176.868	129.336	0.894	0.818	4.459	144.738
5.0	89.658	61.71	0.855	0.804	3.618	72.114
7.5	170.85	125.766	0.913	0.806	5.492	137.802
10.0	312.426	240.414	0.931	0.827	6.561	258.264

7.1.1.1　对面团硬度、咀嚼性、胶着性的影响

面团的硬度、咀嚼性及胶着性的变化趋势基本一致，三者的数值随着天然
菊粉取代比的增大先降低后升高，在菊粉取代比为 5.0% 时三个参数值达到最
小，此时硬度、咀嚼性、胶着性比空白组分别降低了 70.0%、70.4%、
69.3%。由于菊粉的加入稀释了面筋蛋白，且与蛋白质竞争水分，影响了面筋
网络的形成，降低了面筋网络的稳定性。当取代比大于 5.0% 时，三者的数值
增大，可能是由于天然菊粉增加了面团的抗延伸阻力，使得硬度、咀嚼性及胶
着性的数值增大。

7.1.1.2 天然菊粉对面团弹性和凝聚性的影响

随着天然菊粉取代比的增加，总体上面团的弹性呈增大趋势，而凝聚性呈减小趋势。弹性是指变形凝胶在去除外力后恢复到变形前的高度比率，表示样品受到挤压变形后在一段时间内的恢复能力。凝聚性模拟表示样品内部黏结紧密程度和抵抗外界破坏的能力，是由于天然菊粉的添加影响了面筋网络的形成。

7.1.1.3 天然菊粉对面团黏着性的影响

黏着性表示样品解压缩过程中克服样品黏附力所做的总功，黏着性过大，面团不易成型。随着菊粉质量分数的增大，黏着性先降低再升高。除菊粉取代比为5.0%，其余添加量均使面团的黏着性高于空白组。

7.1.2 菊粉对面包品质的影响

表7-2为天然菊粉取代比对面包品质的影响。由表7-2可知，当菊粉取代比为5.0%时，面包的综合评分最高。在一定的菊粉取代比范围内，面包的硬度随菊粉取代比的增加而减小，而弹性变化不显著。与对照组相比，添加5.0%和7.5%的菊粉的面包比容分别增加了4.6%、6.8%；当菊粉取代比大于7.5%时，比容反而下降，这是由于菊粉稀释了面筋蛋白的含量，影响了面筋网络的形成，从而使持气能力降低，出现大的孔洞，使内部的纹理变粗糙，比容下降，表皮色泽变暗，较粗糙，无光泽，感官评分下降。

表7-2 天然菊粉取代比对面包品质的影响

天然菊粉取代比	硬度/g	弹性	比容/(mL/g)	感官评价	综合评分
0%	193.20±1.82[b]	0.902±0.031[a]	4.97±0.12[cd]	80.0±3.1[b]	63.05
2.5%	157.82±18.90[c]	0.907±0.027[a]	5.18±0.14[abc]	70.6±3.9[d]	62.01
5.0%	119.77±6.38[d]	0.924±0.007[a]	5.20±0.06[ab]	93.5±3.5[a]	91.51
7.5%	160.73±17.88[c]	0.888±0.002[a]	5.31±0.15[a]	77.2±3.9[bc]	60.46
10.0%	236.40±19.08[a]	0.892±0.069[a]	5.08±0.11[bc]	74.9±3.4[c]	39.34

注：同一列中不同的字母表示水平间差异显著（$P < 0.05$）。

天然菊粉取代比为5.0%和未添加菊粉（对照组）所制得的面包图片如图7-1所示。由图7-1可知，添加了天然菊粉的面包气孔更加均匀细密，外表挺立性更强，外形更加美观。

图 7-1   未添加天然菊粉（a）和天然菊粉取代比为 5.0％（b）的面包图

7.2 面条

研究表明，菊粉的亲水性能够显著改变面团中水分的自旋-自旋弛豫时间，使面条在烹煮过程中持水性增强。菊粉加入到面条中煮制后室温干燥，能够延长水分自由度的下降时间，且能够增加面条的持水性。在中筋面粉中加入一定量的短链菊粉能够在一定程度上增强面筋的强度，但会降低中筋粉面团的吸水率。

对于由硬质小麦做成的意大利面条，菊粉的添加能够缩短面条煮制所需的时间，短链菊粉的这种作用较长链菊粉更突出，这可能与加入的菊粉削弱了面筋蛋白所形成的网络结构和短链菊粉具有较高的水溶性有关。在面条煮制损失率方面，只有当长链菊粉的添加量≥20.0％时，面条的煮制损失率才会明显上升；但对短链菊粉而言，当其添加量≥7.5％时，这种损失率就表现得很明显。在面条的吸水性和膨胀度方面，长链菊粉不会影响面条的吸水性和膨胀度，而短链菊粉即使在添加量为 2.5％的条件下也会引起面条吸水性的下降，其原因可能是由于短链菊粉同淀粉之间存在与水分子的竞争，抑制了淀粉的膨胀和面条的吸水性。综合来看，长链菊粉的加入有利于提高面条的品质，而短链菊粉则起负作用。

还有研究分析了菊粉对硬质小麦面条的形态和结构性质的影响，发现菊粉的加入虽然不会影响面条的水分和灰分含量，但能影响面条的结构状态和感官评价，认为这可能是由于菊粉的加入改变了面食中蛋白质与淀粉的连接。一方面，菊粉同淀粉之间存在与蛋白质相连的竞争关系，影响到淀粉与蛋白质的连接；另一方面，由于菊粉良好的亲水性能，与淀粉和蛋白质相比，它能更快地与水发生水合作用，引起淀粉与蛋白质的分离，阻碍了它们之间的相互作用。

陈书攀等分析了添加菊粉对面条质构的影响（表 7-3），研究发现，菊粉对面条的硬度和黏附性影响显著（$P<0.05$），而对弹性和黏聚性等影响不显著（$P>0.05$）。随着菊粉添加量的增加，面条的硬度和黏附性先增加后下降。当菊粉添加量为 7.5% 时，两者均达最大值，相对空白组分别增加了 22.7% 和 54.6%。与空白组相比，只有当菊粉添加量为 7.5% 时，面条的硬度变化差异才显著（$P<0.05$），而其余添加水平时硬度差异不显著。但在面条的黏附性影响方面，与空白组相比，菊粉各个水平的添加均影响显著（$P<0.05$），使面条的黏附性明显增加。总的来看，菊粉添加并不会显著影响面条的质构，可以通过在面条中添加一定数量的菊粉来提高其膳食纤维的含量和产品的营养价值。

表 7-3　菊粉对面条质构的影响

菊粉添加量/%	硬度/g	黏附性	弹性	黏聚性	胶黏性	咀嚼性	回复性
0	6263.045[a]	−63.285[a]	0.817[a]	0.823[a]	5157.322[a]	4058.586[a]	0.500[a]
2.5	6373.111[a]	−90.24[b]	0.747[a]	0.818[a]	5213.958[a]	4128.633[a]	0.496[a]
5.0	7110.765[ab]	−95.365[b]	0.813[a]	0.784[a]	5572.073[a]	4521.222[a]	0.453[a]
7.5	7682.910[b]	−97.843[b]	0.831[a]	0.772[a]	5929.571[a]	4927.523[a]	0.434[a]
10.0	7261.748[ab]	−90.779[b]	0.812[a]	0.743[a]	5381.164[a]	4406.904[a]	0.409[a]
15.0	6819.888[ab]	−83.833[b]	0.840[a]	0.742[a]	5058.193[a]	4250.022[a]	0.398[a]

注：同一列中不同的字母表示水平间差异显著（$P<0.05$）。

7.3 饼干

作为焙烤类的方便食品，饼干相对于面包来说对面粉筋力的要求较低，所以便于较大比例地添加膳食纤维。研究表明，随着菊粉添加量的增加，饼干面团的吸水率和弱化度值显著下降，面团形成时间和稳定时间显著延长，面粉的粉质评价值显著上升，饼干面团的拉伸曲线面积、延伸度和拉伸阻力均呈增加趋势。

菊粉能够增强饼干的持水性，并且同时能够改善酥性饼干的质构特性与感官品质。在制作饼干时，随着菊粉添加量的增加，饼干的硬度、酥脆性、咀嚼性和黏着力会出现下降的趋势。另外，无糖酥性饼干的水分含量会随着时间的增加而逐渐增加，并且温度越高水分含量增加得越快，而菊粉能够抑制无糖酥性饼干水分含量的增加，所以菊粉的加入能够在一定程度上延长无糖酥性饼干的保质期。

（1）菊粉对酥性饼干持水性的影响　研究表明，随着菊粉添加量的不断增加，酥性饼干的持水性不断增加，这可能是由于菊粉具有良好的持水性，增加了酥性饼干的持水能力。同时，由于酥性饼干的油脂含量较高、水分含量较低，菊粉可以防止酥性饼干的水分散失，减缓饼干的变质，保持饼干的口感和风味，从而延长了酥性饼干的货架期。

（2）菊粉对酥性饼干感官品质的影响　添加菊粉的酥性饼干外形完整、厚薄均匀，变形、收缩等异常情况较少，得分明显比空白组高，当菊粉添加量超过9％后，分值趋于稳定。在饼干的色泽方面，添加菊粉的饼干色泽均匀，无过白过焦现象，添加3％的菊粉的饼干色泽与空白组无显著差异，其他组别的饼干色泽均好于空白组。需要注意的是，短链菊粉和天然菊粉中因含有单糖、二糖和低聚果糖等，在高温焙烤过程中，易发生美拉德反应及焦糖化反应，造成饼干颜色过深。添加菊粉的饼干具有饼干特有的香味，无异味，口感酥松，饼干断面结构均匀细密，呈多孔状，尤其是添加了9％的菊粉的酥性饼干，受欢迎程度最高，得分也最高。

（3）菊粉对酥性饼干质构的影响　酥性饼干口感的重要评价指标是硬度、酥脆性、黏着性和咀嚼性。随着菊粉添加量的增加，酥性饼干的硬度逐渐下降，当添加量达到9％后，下降趋势逐渐平缓，这可能是由于菊粉加入后，饼干的内部结构变疏松，造成饼干的硬度下降；同时，酥性饼干的酥脆性也呈逐渐下降趋势，这可能是由于菊粉加入后稀释了面团中的蛋白质含量，一定程度上阻碍了面筋网络结构的形成，导致酥脆性下降。另外，酥性饼干的咀嚼性也逐渐下降。综合来看，在弱筋面粉中添加菊粉可以明显改善酥性饼干的质构特性与感官品质。

7.4 蛋糕

菊粉在糕点中的适宜添加量为10％～15％，它可以取代糖，降低糕点的总热量。在烘焙加工过程中，糕点会由于加热失去水分导致硬度增加，影响其成品质量。菊粉具有较高的持水力，糕点内加入适量的菊粉后不仅有利于保持产品的体积和柔软度，而且可以降低糕点的制作成本。

在蛋糕中用菊粉取代部分油脂可以减小反式脂肪酸的危害风险，降低产品的热量和提高产品的营养价值。研究发现，用长链菊粉取代蛋糕中10％的油脂，可以对所制得的蛋糕瓤的物理性状产生积极的影响。在不含脂肪的蛋糕中添加 62.5g 菊粉/kg 面粉，所生产的蛋糕具有低的密度和高的多孔性。菊粉的添加能够增加蛋糕的水分含量，如当菊粉的添加量为 20g/kg 面粉时，产品中的水分含量增加了 27g/kg 蛋糕，并且提高了蛋糕的凝聚性、弹性和咀嚼性。另外，菊粉的添加也会对蛋糕的感官品质产生积极的影响。

7.5 乳制品

菊粉最早是被应用于低脂或脱脂奶制品中，它在口感和外观上与奶油非常相似，是一种优良的脂肪替代物，当与水完全混合后会形成一种奶油状结构，不仅使乳制品拥有质地丝滑、细腻、微粒均一的口感，良好的营养平衡及圆满的风味，而且改变了黏稠度和硬度，使其容易在食品中替代脂肪。另外，菊粉能够改善食品的组织形态，增加产品的紧密性和口感，并能稳定和提高乳化分散性，提高奶油冻与泡沫的稳定性。菊粉在奶油、涂抹食品加工可代替30%～60%的脂肪，国内很多厂商把它用于奶片的加工。

目前，菊粉已被广泛应用于低脂及脱脂牛奶、酸奶、奶酪和乳粉中。虽然乳制品的营养丰富全面，但是缺乏膳食纤维，菊粉的加入可以提升其营养价值。菊粉是可溶性纤维，与水混合后可产生类似脂肪的口感，入口细腻滑爽，不但能降低乳制品的脂肪含量，同时还能增强乳制品的口感。菊粉凝胶具有类似于脂肪的特性，用菊粉部分或全部取代乳制品中的脂肪，对乳制品的口感几乎无影响，还降低了乳制品的能量值，增加了乳制品中的益生元含量。在酸奶中添加菊粉能使酸奶中原有双歧因子的功效增强，提高酸奶的营养价值，延长保质期。在发酵酸奶中添加 2%～4% 的菊粉能增加酸奶的黏稠度、硬度和持水性。研究发现，酸奶中菊粉的合适添加量为 2% 左右，此时生产出的酸奶品质和口感相对均较好。在干酪中添加菊粉能使其口感更加柔软，硬度和咀嚼性降低。当用菊粉替代 40% 的黄油时，干酪的物理性质变化不显著，不会影响到感官评分。

利用菊粉具有特殊营养功能可制成功能性乳制品，应用于一些特殊人群。在非发酵乳制品中添加低聚果糖，可解决婴幼儿和中老年人易上火和便秘等问题，具有降低血脂和血糖的作用。在中老年乳制品中，添加菊粉可有效增加乳制品中膳食纤维的含量，改善肠道健康和防治便秘。在一些低糖乳制品中，添加菊粉代替蔗糖，能有效调节血糖水平，适于糖尿病患者食用。乳和乳制品是钙最好的食物来源，不仅含量丰富，而且吸收率较高，而菊粉的加入可以进一步提高人体对乳及乳制品中钙的吸收率。由于低聚果糖在酸性条件下的稳定性优于蔗糖，且能使双歧杆菌增殖，因此，菊粉广泛地代替部分蔗糖应用于酸奶、乳酸菌饮料等酸性食品中。

7.6 肉制品

7.6.1 香肠

国内外的一些研究表明，可以利用菊粉取代香肠中的部分油脂或淀粉，而不会对香肠的感官品质产生明显的不良影响。含有菊粉的香肠的能量值明显降低，兼具低脂和益生元功效，使其营养价值和食用价值得到提升。

7.6.1.1　对香肠质构特性的影响

相关研究表明，菊粉的加入能引起香肠质构特性的改变，主要是硬度、弹性和咀嚼性等方面，但菊粉在一定量的添加范围内，其对香肠感官品质和内部质构特性的影响有限。

硬度和弹性是香肠质构特性的两个重要指标。研究表明，与低脂香肠（猪背膘加入量 6.3%）相比，菊粉的加入使香肠的弹性增加，而对其硬度无明显影响，说明菊粉的加入改善了香肠的质构特性。但多数研究认为，在香肠中加入菊粉会使香肠的硬度增加，弹性降低，这可能归因于以下三个方面：

（1）脂肪的减少　因为脂肪比菊粉晶体更软，脂肪含量的减少通常导致发酵香肠的硬度和咀嚼性增加。

（2）蛋白质：脂肪：水三者间比例的变化　香肠原料成分的不同导致蛋白质：脂肪：水比例的变化，而这一比例与肉制品的质构特性有密切的关联。

（3）香肠各组分间的相互作用的改变　当菊粉添加到香肠后，在加工过程中菊粉所形成的凝胶会影响香肠各组分间的作用力。

不同研究成果之间的矛盾可能是由于菊粉的链长、类型以及菊粉的加入形式均会影响菊粉凝胶的形成及强度。当菊粉以粉末状加入肉制品中时会使产品的硬度增加，而当以凝胶状加入时会使产品的质地更加柔软。当菊粉的加入量低于 7.5% 时，无论以任何形式加入都不会影响产品的整体可接受性。菊粉的溶解度越大对香肠质构特性的影响越小，短链菊粉要比长链菊粉更易溶于水，所以短链菊粉对香肠质构特性的影响更小。但与普通膳食纤维相比，菊粉的加入对肉制品硬度的增加并不明显，这使得菊粉与能使香肠硬度显著增加的谷物膳食纤维相比更具优越性。

研究发现，短链菊粉取代乳化香肠中的脂肪使其硬度、黏着性和回复性增加，咀嚼性和凝聚性降低。当短链菊粉取代脂肪的比例大于50％时，香肠的口感变差。蒸煮损失随着菊粉含量的增加而降低，从1.49％（对照组香肠）降到0.40％（脂肪取代比例为100％的香肠），降低了73.15％，从而提高了香肠的产量。当取代比例为50％时，菊粉可显著降低香肠中的脂肪含量和能量值，与普通香肠相比分别降低了17.02％和12.22％。总的来看，菊粉取代脂肪的合适比例为50％，此时生产出的香肠中的菊粉含量可达4％。

若将菊粉部分取代乳化香肠中的玉米磷酸酯双淀粉（MDP），则能明显改善香肠的口感，使香肠的硬度、咀嚼性、凝聚性和胶着性下降，提高了香肠的黏着性和回复性。随着菊粉取代MDP比例的增加，香肠的蒸煮损失从1.52％（对照组香肠）降低到0.15％（菊粉完全取代MDP的香肠），香肠的产量得到提高。研究发现，菊粉取代MDP的合适比例为70％。此时，香肠的能量值下降了6.75％，产品中的菊粉含量可达3.5％。

7.6.1.2　对香肠感官评价指标的影响

在色泽方面，一些研究表明，菊粉的加入使香肠的亮度降低，这可能归因于脂肪的减少，导致其提供的光泽度降低。但有文献报道，菊粉对香肠的色泽并无显著影响，因为菊粉具有和脂肪类似的光泽度。研究表明，用天然菊粉或长链菊粉取代香肠中的脂肪后红色几乎无变化，但黄色变浅，认为这是由于菊粉可形成发白的透明凝胶。但也有研究结果显示，在香肠中加入菊粉后，产品的红色加深。这样矛盾的试验结果可能与两个实验中的配方差异有关。

在气味和口感方面，菊粉的加入对香肠的气味无显著影响。当菊粉的添加量为11.5％时，香肠的综合感官特性与高脂香肠最为接近。研究显示，在香肠中加入菊粉后，香肠的嫩度降低。菊粉取代脂肪后会使香肠的粗糙度增加，这是由于脂肪减少导致所提供的润滑作用降低。菊粉取代脂肪后香肠的多汁性和蒸煮损失均降低，香肠蒸煮损失降低的主要原因是香肠持水性的增加，而多汁性的降低是因为香肠的多汁性和脂肪含量呈良好的正相关性，脂肪特有的质感和口感有助于香肠润滑感的形成，加入的菊粉限制了水分与其他组分的结合。

另外，菊粉取代脂肪后会降低香肠的咸性，这可能归因于香肠的脂肪含量和咸性呈正相关，且菊粉能缓冲咸味和辛辣味。另一些研究则发现，天然菊粉的加入能增加香肠的甜味而长链菊粉没有这种效果，这是因为天然菊粉中含有较多的葡萄糖、果糖和蔗糖等小分子糖类。脂肪含量多的香肠更油腻，但其可接受性更好，香肠的整体接受性和其嫩度、口感、多汁性和咸性呈正相关，与甜度呈负相关，具有较低甜度的香肠更受欢迎。一些研究认为，菊粉的加入对香肠的整体可接受性无影响，这应该与加入的菊粉类型和加入量有关。

7.6.1.3 对香肠其他理化指标的影响

在营养成分和能量值方面，菊粉部分取代油脂后能增加香肠的碳水化合物含量，降低其水分、蛋白质、脂肪含量和能量值。这是由于菊粉是一种含有单糖和二糖的碳水化合物，膳食纤维的加入减少了其他成分的比例。

在水分含量、pH 值和水分活度方面，菊粉的加入能增加香肠中的水分含量，降低香肠的蒸煮损失，但不影响香肠的 pH 值。这可能是因为菊粉能形成聚集在一起的相互作用的微晶网络结构，该结构吸附了大量的水分，而在中性条件菊粉对热的稳定性很好。菊粉的强吸湿性使其能够结合食品中的自由水，从而降低产品的水分活度，延缓水分蒸发，延长保质期。但也有研究认为，菊粉的加入不影响发酵香肠和蒸煮香肠的水分活度。各研究结果间的矛盾或许是因为部分研究所用的肠衣阻止了水分的散失，或者是由于制作工艺、储存条件等因素的不同引起的，这方面还有待深入研究。

关于菊粉对香肠品质稳定性的影响方面，菊粉在香肠的加工和热处理过程中不会发生水解反应，而菊粉的益生元功能与其分子的稳定性直接相关，这对于香肠中的菊粉经过加工处理后是否能发挥其生理功能至关重要。在香肠加工过程中，虽然原料肉呈酸性，但其 pH 值不能引起菊粉明显的水解。菊粉可以抑制香肠中的油脂氧化，延长香肠的保持期。研究表明，菊粉取代香肠中的油脂后其硫代巴比妥酸反应物含量保持稳定，说明加入菊粉后油脂中不饱和脂肪酸的氧化状况保持稳定。菊粉是羟基自由基和超氧化物自由基的良好清除剂，其抗氧化效果随着菊粉添加量的增大而增强。对生香肠和加热后的香肠进行的离心结果表明，菊粉的加入还可以提高香肠的稳定性。

在增加香肠中膳食纤维含量方面，研究认为，菊粉的适宜添加量为 12%左右，常见的谷物、水果及其他植物膳食纤维的适宜添加量为 5%～7%。因此，在保持香肠优异品质的同时，菊粉还可以赋予香肠更高的膳食纤维含量。

7.6.1.4　对香肠微生物指标的影响

通过对含菊粉的鸡肉香肠进行凝固酶阳性葡萄球菌、大肠杆菌、亚硫酸盐还原性梭菌和沙门菌的检测表明，玉米油的减少和菊粉的加入不影响干发酵鸡肉香肠的微生物指标的稳定性。还有研究表明，油脂的减少和菊粉的加入不影响发酵香肠中菌落总数、乳酸菌和高盐甘露醇琼脂平板上的球菌等微生物的增殖，这些研究说明菊粉对香肠的常规微生物指标基本无影响。

7.6.2　其他肉制品

用菊粉和牛血浆蛋白取代肉糜中的脂肪后，肉糜的色泽、风味和口味无明显变化，但肉糜中的脂肪含量降低了20％～35％，而且富含蛋白质和益生元菊粉。当菊粉的添加量为2％（质量分数）和牛血浆蛋白的添加量为2.5％（质量分数）时，肉糜感官硬度的评分值最高，在肉糜稳定性分析中脂肪的流失更少。质构分析表明，含有菊粉和牛血浆蛋白的肉糜与普通肉糜的质构特性类似。

菊粉的加入可以降低牛肉丸的脂肪和反式脂肪酸含量。研究发现，含有20％菊粉的牛肉丸的灰分含量、蛋白质含量、亮度值和黄度变量值增加，水分、盐含量、蒸煮损失和红度变量值降低。另外，当菊粉添加量在10％～20％时，牛肉丸的硬度会增加而汁液会减少，香气变弱，产品感官评分下降。当菊粉添加量为5％时，牛肉丸的香味最浓郁。

粉末状的菊粉可以增加香肚（一种西班牙熟肉制品）的硬度。其中，低脂香肚的硬度增加更加明显，即使菊粉的添加量为2.5％时，香肚的硬度增加也较为显著。当菊粉的添加量为7.5％时，凝胶状的菊粉可以使香肚的质地更加柔软，且不受脂肪含量的影响，实验中各组香肠的感官品质均可被评价员所接受。菊粉在香肚中的最大添加量为7.5％，并且菊粉以凝胶状加入效果更好。菊粉的加入可以降低香肚的脂肪含量和能量值，增加香肚的膳食纤维含量，使香肚的营养更加均衡。

7.7　饮料

由于菊粉易溶于水，且当环境中pH值大于4时对热相当稳定，不存在像其他膳食纤维在水中或一定温度下会产生沉淀的问题。因此，菊粉能容易地添加到各种饮料的生产过程中，并且通常添加量可达 5％以上。相关研究指出，菊粉促进钙的吸收率可达 70％，因此，含有菊粉的饮料不仅具有益生元功能，还具有可促进生长发育和防止骨质疏松的作用。

作为一种天然活性成分，低聚果糖（短链菊粉）除了益生元的功效外，还可作为一种新型的天然甜味剂，其甜度为蔗糖的 0.3～0.6 倍，热量值低，具有抗龋齿的作用，在各种软饮料中具有明显的应用优势。在果汁的生产过程中，菊粉不仅可以替代甜味剂，提高果浆与水结合的能力，增加果汁的黏稠度，还使果汁具有保健功能，提高矿物质的吸收率，并可掩盖异味，给人愉快的感觉，使饮料的风味更好。

在植物蛋白饮料的生产中，添加菊粉不仅可以增加风味，还使植物蛋白饮料具有膳食纤维功能。菊粉的添加能增加饮料的稠度，解决植物蛋白饮料口感稀薄的问题，使乳脂感更强，可以掩盖苦涩并给人柔软的感觉，使饮料的风味更浓、质地更好。当与高甜的甜味剂配伍时，菊粉可以降低苦涩度、豆腥味以及豆类和其他产品中不良的味道，改善口感，而甜味剂的使用量则可降低 20％左右。研究发现，若在大豆分离蛋白制备的饮料中添加一定量的菊粉（2g/100g），则能显著降低人体内低密度脂蛋白的含量。

全瑛等研究了一款菊粉复合饮料配方，该配方为菊花和山楂提取液比为 3∶2、蜂蜜 4％、白砂糖 3％、菊芋菊粉 2％、羧甲基纤维素钠 0.1％、海藻酸钠 0.05％和 0.02％抗坏血酸钠，采用 90℃杀菌 30min，所制得的产品色泽呈橙黄色，具有浓郁的菊花和山楂香气，口感酸甜和细腻，符合消费者对天然、健康和美味的要求。

菊粉生产商 Sensus 公司也开发出了两款饮料：一种是含有 4％果汁的低热量饮料 Trendy Quench，该饮料的蔗糖含量比传统的碳酸饮料低 50％，主要是针对那些希望保持体重的青年消费者；另一种是"学生果汁"，针对 4～12 岁的儿童，该果汁以苹果汁为基料，加入菊粉、钙和其他矿物质，既能帮助父母鼓励子女食用健康食品，同时又满足了孩子们对口味的嗜好。

参 考 文 献

[1] 许威. 菊粉物化特性的研究 [D]. 洛阳：河南科技大学，2012.

[2] 刘娟. 菊粉对面团品质的影响及与蛋白质组分的相互作用机制 [D]. 洛阳：河南科技大学，2016.

[3] 陈瑞红. 短链菊粉对馒头品质的影响 [D]. 洛阳：河南科技大学，2014.

[4] 梁旭苹. 菊粉对面团及馒头贮藏期间水分迁移行为影响规律的研究 [D]. 洛阳：河南科技大学，2017.

[5] 李云. 菊粉与小麦淀粉相互作用的研究 [D]. 洛阳：河南科技大学，2017.

[6] 武延辉. 短链菊粉在乳化型香肠中的应用研究 [D]. 洛阳：河南科技大学，2015.

[7] 姚金格. 不同聚合度菊粉的加工特性 [D]. 洛阳：河南科技大学，2016.

[8] 赵影. 天然菊粉对高筋面团及面包品质影响的研究 [D]. 洛阳：河南科技大学，2017.

[9] Buddington R K, Kapadia C, Neumer F, et al. Oligofructose provides laxation for irregularity associated with low fiber intake. Nutrients, 2017, 9 (12): 1372.

[10] Hidaka H, Hirayama M, Tokunaga T, et al. The effects of undigestible fructooligosaccharides on intestinal microflora and various physiological functions on human health. New Developments in Dietary Fiber, 1990, 270: 105-117.

[11] Brighenti F, Casiraghi M C, Canzi E, et al. Effect of consumption of a ready-to-eat breakfast cereal containing inulin on the intestinal milieu and blood lipids in healthy male volunteers. European Journal of Clinical Nutrition, 1999, 53 (9): 726-733.

[12] Carabin I, Flamm G. Evaluation of safety of inulin and oligosaccharides as dietary fiber. Regulatory Toxicology and Pharmacology, 1999, 30 (3): 268-282.

[13] Hetland R B, Bruzell E, Granum B, et al. Risk Assessment of "Other Substances"—Inulin. European Journal of Nutrition & Food Safety. 2018, 18 (4): 190-192.

[14] Roberfroid M B. Concepts in functional foods: the case of inulin and oligofructose [J]. The Journal of nutrition, 1999, 129 (7): 1398S-1401S.

[15] 全瑛. 菊芋菊糖的提取纯化、抗氧化活性及菊糖复合饮料工艺研究 [D]. 西安：西北大学，2010.

[16] 陈书攀，何国庆，谢卫忠，等. 菊粉对面团流变性及面条质构的影响 [J]. 中国食品学报，2014，14 (7): 170-175.

[17] 胡雅健，高海燕，孙俊良，等. 菊粉特性及其对馒头品质的影响研究 [J]. 食品工业科技，2016，37 (15): 60-65.

[18] 刘崇万，刘世娟，徐振秋，等. 菊粉对面团流变学特性及无糖酥性饼干烘焙品质的影响 [J]. 食品工业，2016，37 (7): 11-15.

[19] Kim Y, Faqih M N, Wang S S. Factors affection gel formation of inulin [J]. Carbohydrate Polymers, 2001, 46: 135-145.

[20] 刘宏. 菊粉的功能特性与开发应用 [J]. 中国食物与营养，2010 (12): 25-27.

[21] Bojnanska T, Tokar M, Vollmannova A. Rheological parameters of dough with inulin addition and its effect on bread quality [J]. Journal of Physics, 2015, 602 (1): 12-15.

[22] Mastromatteo M, Iannetti M, Civica V, et al. Effect of the Inulin Addition on the Properties of Gluten Free Pasta [J]. Food & Nutrition Sciences, 2012, 3 (1): 22-27.

[23] Juszczak L, Witczak T, Ziobro R, et al. Effect of inulin on rheological and thermal properties of gluten-free dough [J]. Carbohydr Polym, 2012, 90 (1): 353-360.

[24] 李丹丹, 周杰, 张静, 等. 菊糖对馒头品质的影响 [J]. 安徽农业科学, 2011, 39 (32): 20047-20049.

[25] 罗登林, 陈瑞红, 刘娟, 等. 短链菊粉对中筋粉面团流变学特性的影响 [J]. 中国粮油学报, 2015, 30 (6): 1-4.

[26] Aravind N, Sissons M J, Fellows C M, et al. Effect of inulin soluble dietary fibre addition on technological, sensory, and structural properties of durum wheat spaghetti [J]. Food Chemistry, 2012, 130 (2): 299-309.

[27] Serial M R, Blanco Canalis M S, Carpinella M, et al. Influence of the incorporation of fibers in biscuit dough on proton mobility characterized by time domain NMR [J]. Food Chemistry, 2016, 192 (14): 950-957.

[28] Kip P, Meyer D, Jellema R H. Inulins improve sensoric and textural properties of low-fat yoghurts [J]. International Dairy Journal, 2006, 16 (9): 1098-1103.

[29] Wang J, Rosell C M, Barber C B D. Effect of the addition of different fibres on wheat dough performance and bread quality [J]. Food Chemistry, 2002, 79 (2): 221-226.

[30] Ziobro R, Korus J, Juszczak L, et al. Influence of inulin on physical characteristics and staling rate of gluten-free bread [J]. Journal of Food Engineering, 2013, 116 (1): 21-27.

[31] Mensink M A, Frijlink H W, Maarschalk K V D V, et al. Inulin, a flexible oligosaccharide I: Review of its physicochemical characteristics [J]. Carbohydrate Polymers, 2015, 44 (10): 405-419.

[32] 孙艳波, 颜敏茹, 徐亚麦. 菊粉的生理功能及其在乳制品中的应用 [J]. 中国乳品工业, 2005, 33 (8): 43-44.

[33] Pauline P, Gaëlle A, Joëlle G P, et al. Influence of inulin on bread: Kinetics and physico-chemical indicators of the formation of volatile compounds during baking [J]. Food Chemistry, 2010, 119 (4): 1474-1484.

[34] Meyer D, Bayarri S, Tárrega A, et al. Inulin as texture modifier in dairy products [J]. Food Hydrocolloids, 2012, 25 (8): 1881-1890.

[35] Gennaro S D, Birch G G, Parke S A, et al. Studies on the physicochemical properties of inulin and inulin oligomers [J]. Food Chemistry, 2000, 68 (2): 179-183.

[36] Morris C, Morris G A. The effect of inulin and fructo-oligosaccharide supplementation on the textural, rheological and sensory properties of bread and their role in weight management: A review [J]. Food Chemistry, 2012, 133 (2): 237-248.

[37] Gibson G R, Bear E R, Wang X, et al. Selective stimulation of Bifidobacteria in the human colon by oligofructose and inulin [J]. Gastroenterology, 1995, 108 (4): 975-982.

[38] Karolini-Skaradzińska Z, Bihuniak P, Piotrowska E, et al. Properties of dough and qualitative

characteristics of wheat bread with addition of inulin [J]. Polish Journal of Food and Nutrition Sciences, 2007, 57 (4): 267-270.

[39] Mendoza E, Garcia M L, Casas C, et al. Inulin as fat substitute in low fat, dry fermented sausages [J]. Meat science, 2001, 57 (4): 387-393.

[40] Pekic B, Slavica B, Lepojevic Z, et al. Effect of pH on the acid hydrolysis of Jerusalem Artichoke inulin [J]. Food Chemistry, 1985, 17: 169-173.

[41] Courtin C M, Sweennen K, Verjans P, et al. Heat and pH stability of prebiotic arabinoxyooligosaccharides, xylooligosaccharides and fructooligosaccharides [J]. Food Chemistry, 2009, 112 (4): 461-480.

[42] Bohm A, Kaiser I, Trebstein A, et al. Heat-induced degradation of inulin [J]. European Food Research and Technology, 2005, 220: 466-471.

[43] Sébastien N R, Michel P, Christian F, et al. Effect of water uptake on amorphous inulin properties [J]. Food Hydrocolloids, 2009, 23: 922-927.

[44] Chiavaro E, Vittadini E, Corradini C. Physicochemical characterization and stability of inulin gels [J]. European Food Research and Technology, 2007, 225: 85-94.

[45] Kim Y, Faqih M N, Wang S S. Factors affection gel formation of inulin [J]. Carbohydrate Polymers, 2001, 46: 135-145.

[46] Shoaib M, Shehzada A, Omarc M, Rakha A. Inulin: Properties, health benefits and food applications [J]. Carbohydrate Polymers, 2016, 147: 444-454.